DELIUS KLASING

Marcus Krall/Martin Hager

Superyachten
Sail

Delius Klasing Verlag

VORWORT

Superyachten bedeuten in der heutigen Zeit die letzte große Freiheit. Sie verbinden Luxus, Sicherheit und Mobilität. Und sie signalisieren wahre Exklusivität in einer Zeit, in der dieser Begriff geradezu inflationär verwendet wird. Superyachten sind Einzelstücke, Einmaligkeit ist ihr Prinzip. Sie messen 25, 50 oder auch 90 Meter, besitzen maßgeschneiderte Interieurs, haben Wohnflächen analog zu herrschaftlichen Villen an Land und befinden sich auf einem technischen Stand, von dem der Mainstream noch weit entfernt ist. Sie werden gefahren von außergewöhnlichen Persönlichkeiten – immer öfter aus Deutschland – und gebaut von hoch spezialisierten Werften, die auf dem ganzen Erdball verteilt, insbesondere aber in Finnland, den Niederlanden, Italien und Neuseeland ansässig sind. Baltic, Royal Huisman, Vitters, Perini Navi, Wally oder Alloy Yachts heißen hier renommierte Adressen, die Eignerträume umsetzen.

In diesem Buch sind 14 Referenzen dieser Werften – und natürlich der beteiligten Designer – versammelt, die die Bandbreite des Superyachtings unter Segeln eindrucksvoll demonstrieren. Angefangen bei der minimalistischen *Polytropon II*, die ganz ohne Galley auskommt, weil die auf einem separaten Begleitboot untergebracht ist, über die eher gediegene und auf Weltreisen ausgelegte *Nilaya* bis hin zur futuristischen *Maltese Falcon*, die mit ihrem Innenausbau und Dyna-Rigg vielleicht den Segelyacht-Solitär schlechthin darstellt.

Fast allen in diesem Band versammelten Yachten ist gemein, dass sie Spezifikationen aufweisen, die mit dem »normalen« Segelsport auf Ost- oder Nordsee nahezu nichts mehr verbindet. Eine Segelfläche von 5000 Quadratmetern wie auf *Vertigo*, neun Meter Tiefgang von *Hetairos* oder der 72-Meter-Mast von *Salute* sind Werte, die in einer eigenen Dimension spielen. Dass dies letztlich Momentaufnahmen aus – vielleicht – einer Dekade sind, ist sehr wahrscheinlich. Seit seinen ernsthaften Anfängen vor rund 30 Jahren hat sich das Superyachting immer weiter entwickelt. Je mehr Menschen über ein immer größeres Vermögen verfügen, werden sie Superyachten bauen lassen, die am Puls des technisch Machbaren segeln.

INHALT

REISEN BILDET

Über 5000 Quadratmeter Segelfläche, ausgefeilte Technik, schnelle Rumpflinien von Philippe Briand und ein Loft-Interieur von Christian Liaigre: Die 67-Meter-Ketsch *Vertigo* ist an Extravaganz kaum zu übertreffen.

Fotografie: Chris Lewis

Abendstimmung vor Anker: Die hintere Cockpit-Liegefläche der *Vertigo* deckt einen voluminösen Spa-Pool ab. Neben einem Speiseplatz wünschte sich der Eigner hier draußen noch zwei Sitzgruppen; ein Hardtop schützt das Cockpit.

Kommando-Zentrale unter freiem Himmel: Auf der Flybridge stehen dem Kapitän zwei komplette Steuerstände mit sechs Monitoren zur Verfügung, die jegliche Information liefern. Joysticks kontrollieren die Furler, Schoten, Anker und Strahlruder.

Schnelle Reise: *Vertigo* segelt mit maximal 5037 Quadratmetern Tuch. Yachtdesigner Philippe Briand vergrößerte die Segelfläche, in dem er die Achterlieks von Groß und Besan abrundete, wie schon vor Jahren auf den *Mari-Cha*-Racern.

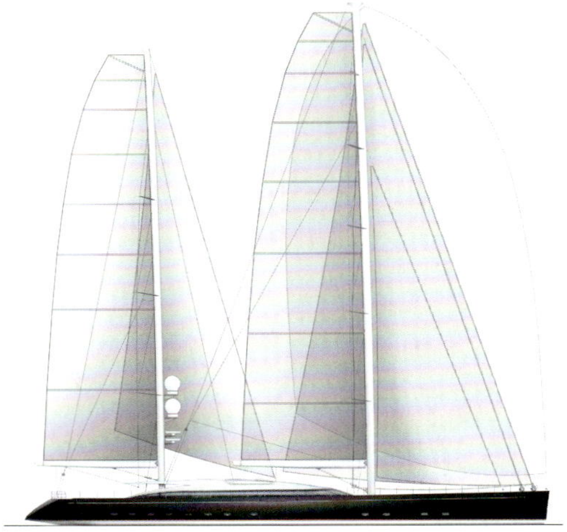

Appartement zur See: Das Briefing für das Interieur hieß »Urban at sea«. Designer Christian Liaigre schuf ein von weißen Oberflächen dominiertes Interieur und kontrastierte sie mit gebeizter Walnuss und sandgestrahlten schwarzen Hölzern. Das Mobiliar mit Sportiv-Schick ließ er extra für *Vertigo* herstellen.

Limousinen-Parkplatz: Der acht Meter lange Tender entstand nach einem Design von Bakewell-White in den Werfthallen der Bootsbauer Lloyd Stevenson in Auckland. Ein technisch komplexes Launch-System erlaubt die Wasserung der Zwei-Tonnen-Limo aus der geräumigen Lazarette.

Ein Layout für lange Reisen: An Backbord des Aufbaus ließ der Eigner vor dem Salon einen modernen Klassenraum für klassischen Frontalunterricht einbauen. Die Tresen eignen sich auch als Frühstücksplatz.

Die Alu-Ketsch *Vertigo* ist ein segelndes Superlativ. Das Format aus den Hallen der neuseeländischen Werft Alloy Yachts verblüfft schon allein mit Zahlen: 5037 Quadratmeter Segel stehen maximal an den zwei über 60 Meter hohen Kohlefasermasten und sorgen für fast beängstigende Lasten auf Schoten und Rigg. Der Großmast bringt einen Stauchdruck von 387 Tonnen auf den Kiel; die Lasten in den *Vertigo*-Schoten wachsen unter Extrembedingungen auf bis zu 40 Tonnen an. Dafür musste Alloy Yachts kaptive Winschen von bisher nicht gekannter Dimension entwickeln.

Philippe Briand und die renommierte neuseeländische Werft stießen mit der Größe von *Vertigo* in unbekannte Regionen vor. Den 837 Tonnen verdrängenden Zweimaster bezeichnet der für Racer- und Performance Cruiser-Formate wie *Mari Cha III*, *P2* und *Gliss* bekannte und in England lebende Yachtdesigner als sein bis dato komplexestes Projekt.

Denn, wer über 800 Gross Tons baut – also mit 67 Metern und einem Raummaß über 500 GRT in die Regionen der großen Motoryachten vorstößt – muss strenge Vorschriften erfüllen und sich intensiv mit SOLAS-Regularien auseinander setzen. Bei Segelyachten ist damit allerdings erst die Hälfte der konstruktiv schwierigen Zonen einigermaßen abgeklärt. Rigg und Segel nämlich sind nicht Gegenstand dieser Vorschriften. Umso wichtiger sind bei der Entwurfsphase Fingerspitzengefühl, Erfahrung, präzise Konstruktionssoftware und ein risikofreudiger Eigner mit klaren Vorstellungen.

Der Wunsch des Eigners mit *Vertigo* die ganz großen Reisen unternehmen zu können, sorgte so beispielsweise für eine schnelle Entscheidungsfindung im Bezug auf die Takelungsart. Da die ganz großen Routen nun einmal durch Brücken begrenzt sind, kam nur ein Ketschrigg in Frage. Der Suezkanal erlaubt 68 Meter Masthöhe über Wasser. Ein entscheidendes Maß: Der *Vertigo*-Großmast kitzelt in genau 67,90 Meter fast ihre Unterkante. Die Segelfläche des Groß- und Besanmastes reizte Briand im Hinblick auf die gewünschte Performance voll aus und verpasste den beiden Laminaten ein ausgestelltes Segeltop, auch Fathead genannt. Die dort oben, in über 60 Meter Höhe, vergrößerte Segelfläche sorgt für eine beträchtliche Perfomance-Steigerung, bedingt jedoch, dass die Ketsch statt permanenter Backstagen bewegliche Runner fährt. Wenden wollen also aufmerksam organisiert sein.

Der Eigner hatte nicht nur die Größe vorgegeben, sondern als erfahrener Segler noch einen anderen Wunsch. Sensibel sollte seine neue Yacht segeln, mit dem Zeigefinger zu steuern und reaktionsschnell bei jedem Manöver sein. Also kamen nur moderne Linien in Frage. Briand zeichnete einen nahezu vertikalen Bug, um die Länge in der Wasserlinie zu maximieren. Ein konstruktives Detail, das sich natürlich auch auf die Fahrt unter Motor auswirkt. Arbeiten beide Caterpillar-Motoren unter Volllast, schafft die 12,53 Meter breite *Vertigo* einen Topspeed von 17 Knoten. Die Reichweite liegt bei 4000 Seemeilen.

Um einen schnellen und wendigen Rumpf zu gestalten, sind neben Gewichtsersparnis auch die benetzte Oberfläche und die Form der Anhänge wichtige Kriterien. Um überhaupt kleinere Häfen und flache Buchten anlaufen zu können, kam für *Vertigo* nur ein Liftkiel infrage. Eine Finne vergrößert den Tiefgang von 5,50 auf 9,10 Meter und sorgt am Wind für mehr Auftrieb und damit Performance.

Loft-Ambiente: Zehn modern gestaltete Stufen führen vom Hauptdeck in den Crewbereich. In der Eignersuite bestimmt ein kräftiger Hell-Dunkel-Kontrast die Atmosphäre.

Auch bei der Gestaltung der Außenflächen hatte Briand einiges zu beachten. Das in Längsrichtung schwungvoll gewölbte Deckshaus schließt darum achtern ein schützendes Hardtop ab. Die Seitenscheiben lassen sich herunterfahren. Achtern im Cockpit verdecken Polster einen Spa-Pool. Um die Grenzen von innen und außen möglichst verschwinden zu lassen, wölben sich die Seitenscheiben des Aufbaus im oberen Bereich.
Das Stil-Ziel der Einrichtung hieß »Urban at sea« – städtische Atmosphäre, unterwegs auf See. Das Resultat aus dem Büro des Interieur-Designers Christian Liaigre überzeugt. *Vertigo* wirkt im Innern wie ein geräumiges Metropolen-Loft. Cool, clean und modern. Diese Atmosphäre unterstützte der in Paris arbeitende Liaigre durch eine kontrastreiche Wahl der Oberflächen. Großzügiges Weiß wechselt mit gebeizter Walnuss und sandgestrahlten schwarzen Hölzern.
Die Ketsch ist vielseitig. An Bord wird sogar unterrichtet. Passend zu den geplanten langen Reisen ließ der Eigner ein Klassenzimmer einrichten. Der Nachwuchs wird begeistert sein. Auf *Vertigo* gilt eben ganz besonders: Reisen bildet.

Länge	67,20 m
Breite	12,53 m
Tiefgang	5,50/9,10 m
Verdrängung	837 t
Material	Aluminium
Takelung	Ketsch
Masthöhe (über Wasser)	67,90 m
Segelfläche	5037 qm
Rumpfgeschwindigkeit	17 kn
Stehendes Gut	EC6
Mast + Baum	Southern Spars
Segel	North Sails
Motor	Caterpillar, 2 x 1081 kW
Konstruktion	Philippe Briand
Interieur-Design	Christian Liaigre
Klasse	Lloyd's
Werft	Alloy Yachts, 2011

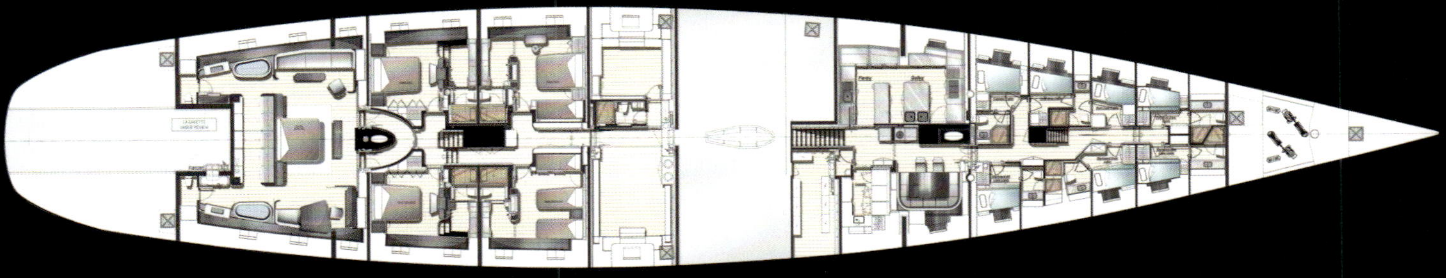

ANTLITZ DER ZUKUNFT

Die 88 Meter lange *Maltese Falcon* zählt zu den spektakulärsten Projekten bisheriger Yachtgeschichte. Seit Jahren beweist sich der Falke aus der Perini-Navi-Werft eindrucksvoll auf Großyacht-Regatten.

Fotografie: Roddy Grimes-Graeme

Maltese Falcon am Wind: Die 2396 Quadratmeter Dacron-Tuch des 88 Meter langen Dreimasters stehen straff zwischen den 18 Rahen und schieben 1240 Tonnen leicht mit über 16 Knoten durch die See.

Open Air-Kino: Unterwasserleuchten sorgen für eine festliche Stimmung, während ein Beamer die Blockbuster auf die Fock projeziert. Das Unterhaltungsprogramm ist in dieser spektakuären Kulisse natürlich nur bei Windstille möglich.

Aufbau aus dem Designlabor: Ken Freivokh zeichnete Aufbauten, die auch einer Motoryacht gut zu Gesicht stünden. Die seitlichen Laufdecks sind breit, das hohe Schanzkleid vermittelt ein Gefühl von Sicherheit.

Eigner-Privilegien: Während langer Passagen bewohnt Elena Ambrosiadou die VIP-Suite auf dem Brückendeck. Wie überall an Bord setzen schwarze Kohlefaser-Details Kontraste; das Achterdeck lädt zum Sonnenbaden ein.

Kunstgalerie: Hinter dem Großmast befindet sich die über die gesamte Breite reichende Eigner-Suite mit angrenzendem Spa-Bereich. Die neue *Maltese Falcon*-Eignerin ließ das gesamte Interieur mit ausgewählten Kunstwerken schmücken.

Futuristisches Ambiente: Hinter dem Salon auf dem Hauptdeck wartet ein großer Kohlefaser-Speisetisch festlich gedeckt auf zwölf hungrige Gäste. Aperitif und Digestif mixt die Crew an der runden Bar davor.

Der Anblick von *Maltese Falcon* ist wahrlich kolossal, bedurfte aber auch intensiver Vorbereitung. Über fünf Jahre und geschätzte vier Millionen Arbeitsstunden dauerte es, bis Tom Perkins das gewaltige Projekt der Welt vorstellen konnte. Vor zwölf Jahren kaufte der ehemalige Eigner den mit 88 Metern größten Stahlrumpf, den die Werft Perini Navi bis heute gebaut hat. Eine Idee, mit welchem Rigg dieser gewaltige Kasko einmal segeln sollte, gab es damals noch nicht. Die niederländischen Konstrukteure von Dykstra & Partners, die schon einige Erfahrung mit Riggs für Segelyachten jenseits der 80 Meter gesammelt hatten, schlugen dem erfahrenen Segler und Joint Venture-Magnat vier Konzepte vor. Unter anderem das bis dato gescheiterte Dyna-Rigg, eine Erfindung des Hamburger Ingenieurs Wilhelm Prölss.

Moderne, hochfeste und ultraleichte Faserverbundwerkstoffe wie Karbon und Kevlar, faseroptische Dehnungs-Messstreifen, vom Computer gesteuerte Kontrollsysteme und rechnergestütztes Design machten die Konzept-Realisierung erst möglich.

Die Segelkontrolle des Dreimasters ist einfach. Über eine Fernbedienung werden mit Blick auf die drei 58 Meter hohen Kohlefaser-Masten die Segel gesetzt. Das Dyna-Rigg des Falken bietet insgesamt 2396 Quadratmeter Segelfläche, aufgeteilt auf 15 Segel an 18 Rahen, die an drei frei drehbaren Masten mittels Racken befestigt sind. Neben dem Mastfuß-Lager stützt lediglich ein zweites Lager im Deck jeden Mast. Die Rahen sind um zwölf Grad geschwungen. Das durchgehende Segelprofil erlaubt einen Kurs von 35 Grad am Wind.

Der Falke segelt nach dem Prinzip eines Vollschiffes: An Kreuz-, Groß- und Fockmast stehen je fünf Segel. Die untere Reihe Tuch besteht aus dem Kreuz-, dem Großsegel und der Fock, darüber stehen die Untermarssegel. Über den mittleren Obermarssegeln spannt das Rigg die Bramsegel. Ganz oben wölben sich die Royals zwischen den Rahen. Nach nur sechs Minuten sind alle Segel ausgefahren, ohne in den Wind gehen zu müssen. Um jedes einzelne Segel optimal individuell bedienen zu können, entwickelte Werftchef Fabio Perini persönlich neue Winschsysteme. Diese rollen die Segel wie Markisen aus- und ein und halten genügend Spannung auf dem Tuch.

Ein für die Segel und Masten verantwortliches Crew-Mitglied – der sogenannte Spar Master – trimmt jedes einzelne Segel per Hand, mittels Fernbedienung und auf Sicht. Auch kann er mit seiner Fernbedienung die Masten, in Bezug auf die Anstellung der Segel zum Wind korrigieren.

Ein »Wende-Programm« vereinfacht die Handhabung der drei Masten. Wird der Wende-Knopf gedrückt, drehen sich zuerst der Groß- und Kreuzmast synchron, während der Bug langsam durch den Wind geht. Der Fockmast bleibt back stehen und unterstützt die Drehung. Ist *Maltese Falcon* auf dem neuen Kurs, dreht auch der Fockmast nach.

Noch einfacher halst der Falke. Während er zügig mit dem Heck durch den Wind gleitet, drehen sich alle drei Masten gleichzeitig. Dieses Manöver dauert knapp 30 Sekunden, während die Stoppuhr für eine Wende 90 Sekunden anzeigt. Für eine Yacht dieser Größe sind das enorm kurze Zeiten.

Nicht nur die Technik an Bord des Falken ist bahnbrechend. Auch das futuristische, cleane und doch einladende Exterieur und Interieur setzen Maßstäbe und heben die Exklusivität des Dreimasters weiter hervor. Mit dem englischen Stylisten und

Ein Falke als Wächter: Vor dem alle Decks verbindenden zylinderförmigen Atrium findet sich steuerbords ein Leseraum und gegenüber das geräumige Eigner-Büro.

Designer Ken Freivokh holte sich Perkins den perfekten Querdenker in sein Team. Freivokh gelangen trotz der Ausmaße und des futuristischen Designs mit Star-Trek-Anmutung menschliche Proportionen und Stimmungen, aber immer auch angemessene Techniken. Für die Decksdurchführung des Kreuzmastes entwarf er ein ungewöhnliches Spinnen-Lager, das die enormen Kräfte des Mastes auf das Deck überträgt und weiterleitet.
Ein futuristisches zylinderförmiges Atrium aus Alu und Glas verbindet mit einer Wendeltreppe, die sich spiralförmig um den Großmast windet, alle drei Decks miteinander. *Maltese Falcon* schöpft das übliche Potenzial von zwölf Schlafplätzen in sechs Suiten aus. Die auf dem Oberdeck hinter der Brücke gelegene VIP-Kabine bietet zweifelsfrei die schönste Aussicht. Dass *Maltese Falcon* einer der imposantesten Eye-Catcher der Superyacht-Szene ist, steht außer Frage. Perkins Plan ging auf. Seit dem Jahre 2009 segelt der Falke mit seiner neuen Eignerin, der griechischen Geschäftsfrau Elena Ambrosiadou, und Chartergästen durch das Mittelmeer, die Karibik und auf so mancher Superyacht-Regatta. Dann übrigens meist vorn weg.

Länge	88,00 m
Breite	12,46 m
Tiefgang	6,00 m
Verdrängung	1240 t
Material	Stahl/Aluminium
Takelung	Dyna-Rigg
Masthöhe	58,20 m
Segelfläche	2396 qm
Rumpfgeschwindigkeit	19,5 kn
Stehendes Gut	Perini Navi
Mast + Baum	Perini Navi
Segel	Doyle Sails
Motor	Deutz, 2 x 1340 kW
Konstruktion	Dykstra & Partners
Design	Ken Freivokh
Klasse	ABS, AMS, MCA
Werft	Perini Navi, 2006

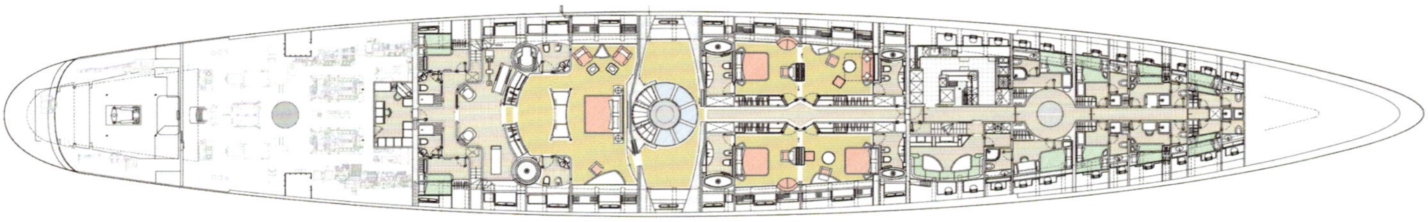

HETAIROS

MEISTERSTÜCK AUS KOHLEFASERN

Mit der 67 Meter langen *Hetairos* laminierten sich die finnischen Leichtbau-Spezialisten von Baltic in die Geschichtsbücher. Der 230 Tonnen verdrängende Karbon-Zweimaster segelt seit 2011.

Fotografie: YPS/Peter Neumann

HETAIROS

Druck im Tuch: *Hetairos* Gennaker hat eine Segelfläche von rund 2000 Quadratmetern. Auf raumem Kurs erreicht die Ketsch bei frischer Brise mühelos einen Speed von deutlich über 20 Knoten.

Netz-Akrobatik: Fast sieben Meter ragt der feste Bugspriet über das Vorschiff hinaus. Er dient ausschließlich zum Fahren der Raumwindsegel. Auf einem Fangnetz bereitet die Vordeck-Crew das Ausrollen des Code Zero vor.

Performance-Maschine: Auch raumschots weht Gischt über das Vordeck. Optimal für die Geschwindigkeit ist eine Lage von nicht mehr als 15 Grad. Rund 90 Tonnen Kielgewicht und zusätzliche Ballasttanks sorgen für das aufrichtende Moment.

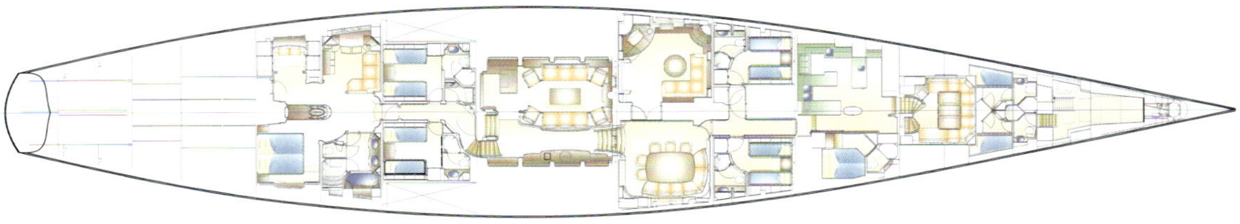

Geschützte Steuerstände: Der Rudergänger steht fast mittschiffs und hat über die flachen Decksaufbauten hinaus einen ungestörten Blick über *Hetairos* und in die Segel. Alle Winschen an Deck reagieren auf bloßen Knopfdruck.

Kunst an Bord: An der Kopfseite des Speisetisches findet sich eines der Acryl-Kunstwerke des bekannten englischen Malers David Barker. Eine interessante Muschel-Sammlung zieht daneben die Blicke auf sich.

Der Anblick ist enorm und selbst für Großyacht-Kenner atemberaubend: Knapp 4000 Quadratmeter Segelfläche an zwei Masten auf einem voluminösen 59,92-Meter-Rumpf. *Hetairos* ist ein segelnder Meilenstein.

Warum die Riesenketsch als ein extrem radikales Projekt gilt, zeigt schon ein kurzer Blick auf die Spezifikationsliste: Der Kohlefaser-Bau verdrängt bei einer Länge über alles von 66,70 Metern nur 230 Tonnen, wobei 90 Tonnen davon einzig und allein auf den Kielballast zurückzuführen sind. Unter der Rubrik »Tiefgang« finden sich, ebenfalls ein Novum, drei Zahlen, da sich der Liftkiel hydraulisch und unter Segeln in zwei Schritten von neun zuerst auf sechs und dann auf den Hafen-Tiefgang von 3,50 Metern fahren lässt. In der voll eingefahrenen Position schaut der Kiel 2,50 Meter aus dem Deck heraus, sodass die Crew den Großbaum auf einer Seite arretieren muss. Ein hydraulisch steuerbares Trimtab von der Größe einer hohen Eingangstür ergänzt die komplexe Konstruktion des Kiels und produziert am Wind zusätzlichen Auftrieb, was für mehr Performance sorgt. Eine weitere Besonderheit der Kielkonstruktion: Der Tiefgang lässt sich auch bei voller Fahrt und Krängung reduzieren. Eine zwingend nötige Ergänzung, da der Eigner an Regatten in Antigua, St. Tropez und Porto Cervo teilnimmt, wo der Neun-Meter-Tiefgang an einigen Wendemarken zum Problem werden könnte. Um in flache Buchten oder Häfen einlaufen zu können, lässt sich neben dem Kiel auch das knapp sechs Meter tiefgehende Ruderblatt hydraulisch einfahren.

Die bestmögliche Performance war ein von Beginn an gestecktes Ziel beim Bau der Superketsch. Der Eigner wünschte sich die schnellst- und größtmögliche Yacht mit klassischem Look. Das markante Rumpf-Design mit nahezu vertikalem, scharfem Steven und einem klassischen weit überhängenden Heck erinnert stark an die amerikanischen und britischen Pilot Cutter des späten 19. Jahrhunderts. Alle erdenklichen Bug-Varianten, vom Klipper- bis hin zum Löffelbug, wurden von den Yachtdesignern und dem Eigner in Erwägung gezogen, bevor die Entscheidung für den vertikalen Steven fiel. Eine um sieben Meter längere Wasserlinie und der damit verbundene Performance-Gewinn gaben schließlich den Ausschlag.

Dass *Hetairos* den Superyacht- und Rolex Maxi Cup in Zukunft mächtig aufmischen kann, zeigte schon die erste Transatlantik-Regatta von Teneriffa zu den British Virgin Islands. Das Baltic-Flaggschiff segelte nach achteinhalb Tagen über die Ziellinie. Das entspricht einer beeindruckenden Durchschnittsgeschwindigkeit von 15 Knoten.

Um auch bei überdurchschnittlich windigen Bedingungen noch komfortabel und vor allem schneller segeln zu können, vergrößern 35 Tonnen Flüssigballast das aufrichtende Moment. Neben 20 Tonnen Seewasser lassen sich ebenfalls die sowieso in Tanks mitgeführten 5,6 Tonnen Frischwasser und bis zu 9,4 Tonnen Diesel auf die Luv-Seite pumpen.

Das Antriebskonzept zählt zu den weiteren technischen Highlights. Das bis dato einmalige Propulsionspaket besteht aus drei im Rumpf versenkbaren Strahlrudern, die von vier je 260 Kilowatt starken VW-Dieselmotoren angetrieben werden, die gleichzeitig als Generatoren fungieren. Unter Segeln fahren die Thruster hydraulisch in den Rumpf, wodurch sich der Rumpf-Widerstand deutlich reduziert. Die zwei achterlichen Strahlruder lassen sich um 180 Grad drehen und arbeiten als

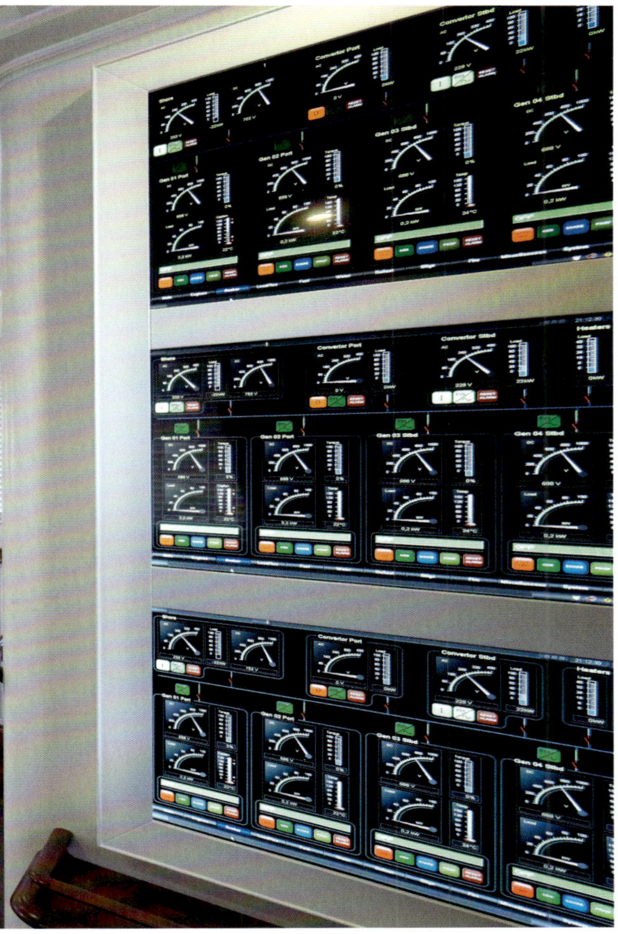

Weiß überwiegt: Der Blick in den Decksalon zeigt eine konservativ-schiffige Einrichtung mit Kamin. Die Kontrollanzeigen der Motoren sind strategisch günstig angebracht.

Hauptantrieb, das Bugstrahlruder unterstützt bei An- und Ablegemanövern in Marinas.

Unter Deck findet sich eine konservative Einrichtung aus einem Mix von Kirsche- und Wengéholz mit Details aus Treibholz und Bambus. »Asian colonial style« taufte der Eigner seine gewünschte Ausstattung, die er mit Stilelementen aus der Kolonialzeit, chinesischen Lackschränken, Buddhas und einer geschmackvoll präsentierten Muschelsammlung hinter Glas anreichern ließ. Einen Großteil der an Bord verteilten Kunst stammt aus dem Atelier des englischen Malers David Barker, der für seine Landschafts- und Meeres-Gemälde in Acryl bekannt ist. Das Layout gestalteten die Interieurdesigner Jonathan Rhoades und Dick Young klassisch. Der Crewbereich mit Messe, Galley und Kammern liegt im Bug, Gästesuiten und Salons finden sich im Mittschiffsbereich, und im Heck liegt die geräumige und über die gesamte Breite reichende Eignerkabine.

Hetairos ist die größte Prepreg-Kohlefaser-Konstruktion der Welt. Mit dem Bau der 67-Meter-Ketsch hat Baltic-Yachts eine neue Dimension im Yachtbau erreicht.

Länge	66,70 m
Breite	10,54 m
Tiefgang	3,50/6,00/9,00 m
Verdrängung	230 t
Material	Prepreg-Karbon, Corecell, Nomex
Takelung	Ketsch
Ballast	90 t
Segelfläche	2620 qm
Rumpfgeschwindigkeit	17,14 kn
Mast + Baum	Southern Spars
Segel	North Sails, 3Di
Motor	Volkswagen Marine, 4 x 260 kW
Konstruktion	Dykstra & Partners, Reichel Pugh
Interieur-Design	Rhoades Young
Projektmanager/Eignervertretung	Jens Cornelsen
Klasse	DNV
Werft	Baltic Yachts, 2011

SARISSA

FREECLIMBING INKLUSIVE

Vitters launchte mit der 42-Meter-*Sarissa* eine rassige Karbon-Slup, die auch Kletterspaß bietet. Yachtdesigner Bill Tripp zeichnete die Linien des familienfreundlichen Leichtgewichtes.

Fotografie: Tom Nitsch

Sarissa **hart am Wind:** Eine sechsköpfige Crew arbeitet auf der größten Karbon-Yacht aus den Hallen von Vitters. An der Kreuz trägt das Southern-Spars-Rigg 953 Quadratmeter Tuch. Kaptive Winschen nehmen die Schoten und das Großfall auf.

Vertraute Linien: Die Rumpfform und die Aufbauten erinnern an ältere Bill-Tripp-Projekte wie *Mystère* und *Saudade*.
Der Großschot-Bügel war ein ausdrücklicher Wunsch der Eigner, die ihre Kinder weit entfernt von den Lasten der Großschot wissen wollten.

Meilenfresser: Raumschots setzt die Crew einen Code One oder einen 1400-Quadratmeter-Spi, die den 163-Tonner leicht über Rumpfgeschwindigkeit bringen und beeindruckende Etmale garantieren.

Warmes Ambiente: Rhoades Young entwarfen ein Interieur im Kontrast zum coolen Metallic-Exterieur. Braune Klassiker, wie die Barcelona-Serie von Mies van der Rohe, harmonieren mit den Tönen des Oberen Salons.

Schlank, sexy und elegant wirkt die metallic-grau lackierte *Sarissa* im Wasser. Den Rumpf fertigten die seit Anfang 2010 zu Vitters gehörenden südenglischen Laminat-Profis von Green Marine in einer Negativform und einem Komposit aus Schaum und Prepreg-Kohlefasern.

Die Vorgaben von Designer Bill Tripp waren klar: Der gesamte Rumpf, das Ruder und Deck inklusive Großschotbügel sollten zusammen nicht schwerer sein als 25 Tonnen. Selbst für die Leichtbau-Gurus aus Hythe eine Herausforderung, die sie jedoch imposant meisterten. Für Stabilität sorgt ein Liftkiel mit 38-Tonnen-Bleibombe, der per Knopfdruck und hydraulisch den Tiefgang um 2,20 Meter auf maximal 6,20 Meter vergrößert. Dazu kommen fünf Tonnen Wasserballast, die sich, hauptsächlich im Regattamodus genutzt, in drei Minuten von der Lee- auf die Luv-Seite pumpen lassen.

Dank strenger Gewichtskontrolle beim Interieur-Ausbau und der Installation aller technischen Systeme, wiegt *Sarissa* mit halb vollen Tanks nur 163 Tonnen, die sich am Wind und dank 953 Quadratmetern North-Laminat agil und sportlich bewegen lassen. Auf raumen Kursen sprintet *Sarissa* gar mit 1955 Quadratmetern am 56 Meter langen Kohlefasermast.

Vitters baute *Sarissa* für ein junges australisches Paar mit kleinen Kindern, das jahrelang mit einer Swan 82 auf Reisen ging. Die Kinder hatten auch ohne ihr aktives Zutun großen Einfluss auf das Exterieur- und Interieur-Styling der Kohlefaser-Konstruktion. Alle Schoten, das Großfall und die Backstagen laufen auf kaptive Winschen, sodass das Deck sehr aufgeräumt wirkt und vor allen Dingen sicher ist. Um seine Kinder möglichst weit weg von den enormen Lasten auf der Großschot zu wissen, entschieden sich die Eltern für einen elegant in die Exterieur-Linien integrierten Bügel, auf dem der Großschot-Traveller verankert ist. Der Bügel hat einen weiteren Vorteil. Der Eigner liebt Freeclimbing, und um dafür fit zu bleiben, befestigt ihm die Crew mit wenigen Handgriffen ein Klettertrainingsbrett an dem robusten Kohlefaserbügel.

Das Achterdeck geriet, ebenfalls dank der Kinder, zu einem Musterbeispiel an Ingenieurskunst. Um den Kleinsten auch dann Badespaß zu ermöglichen, wenn das Schwimmen im Meer zu gefährlich ist, wünschte sich das Eignerpaar ein Planschbecken an Bord. Eine komplexe Konstruktion. Ein Teil des nach achtern hin offenen Decks lässt sich per Knopfdruck hydraulisch anheben, sodass zwischen den flachen Sülls eine Bucht entsteht, die sich mit Wasser füllen und als Kinder-Pool nutzen lässt. Da *Sarissa* neben den ausgiebigen Cruising-Trips auch an der einen oder anderen Superyacht-Regatta teilnehmen wird, lieferte North Sails zwei Segelsätze. Während die robuste und verschleißarme Reisegarderobe mit einem konventionellen Großsegel für Vortrieb sorgt, verfügt der Racing-Segelsatz über ein im Kopfbereich weit nach achtern ausgestelltes Fathead-Großsegel, das 20 Prozent mehr Segelfläche bietet. Um das Handling der großformatigen Tücher so sicher wie möglich zu machen, setzt die Crew das Stagsegel, Genua, Code One und den 1400 Quadratmeter großen Gennaker mittels Furler.

Das warme, gemütliche und familientaugliche Interieur-Layout und die Auswahl der Materialien übernahm das erfolgreiche Design-Team um Jonathan Rhoades und Dick Young. Eichen-, Kirsch- und Palisanderholz dominieren unter Deck, Details aus gebürstetem Edelstahl setzen Akzente und sorgen für ein

Bunter Material-Mix: Das gegenüber der TV- und Entertainmentecke untergebrachte Owners Office wird von Palisanderholz dominiert, ein knallrotes Ledersofa lädt zum Enspannen und Lesen ein.

Schaltzentrale: Kurs und Instrumente checkt der Kapitän im Oberen Salon an zwei Monitoren. Die Deckshausfenster bieten auch bei schlechtem Wetter eine gute Aussicht.

modernes Ambiente. Modernen Loft-Charakter versprühen die kultigen Sitzmöbel im oberen Salon. Die Eigner entschieden sich für ein Sofa und einen Sessel aus der schon 1929 vom deutschen Architekten Ludwig Mies van der Rohe entworfenen Barcelona-Serie. Gegenüber dieses Lounge-Bereiches findet sich die Navi-Ecke und eine Bar. In Richtung Bug führen fünf Stufen in den gemütlichen TV- und Entertainment-Bereich, der auch als Durchgang zur Galley und zum Speisetisch fungiert. Der Mast steht frei und unverkleidet in einer extravaganten Rotunde, die ein offenes und aufregendes Raumgefühl vermittelt und von der das Eignerbüro und ein Waschraum abgehen. Vor der Galley lebt die sechs Mann starke Crew in drei Kabinen, eine große Messe ist Treffpunkt und Essbereich. Eine weitere Rotunde findet sich am Ende des schräg zur Mittschiffslinie angeordneten Achterschiff-Korridors, von dem eine VIP-, Kinder- und Nannykabine abgehen.
Wohin die spritzig und leichtfüßig segelnde *Sarissa* auch reisen mag, bewundernde Blicke sind ihr in jeder Marina gewiss. Auch ohne den am Bügel kletternden Eigner.

Länge	42,60 m
Breite	8,60 m
Tiefgang	4,00/6,20 m
Verdrängung	163 t
Material	Prepreg-Karbon
Takelung	Slup
Masthöhe (über Deck)	56 m
Segelfläche	953/1955 qm
Rumpfgeschwindigkeit	15,1 kn
Stehendes Gut	Southern Spars
Mast + Baum	Southern Spars
Segel	North Sails
Motor	Caterpillar, 366 kW
Konstruktion	Tripp Design
Interieur-Design	Rhoades Young
Klasse	GL, MCA
Werft	Vitters, 2010

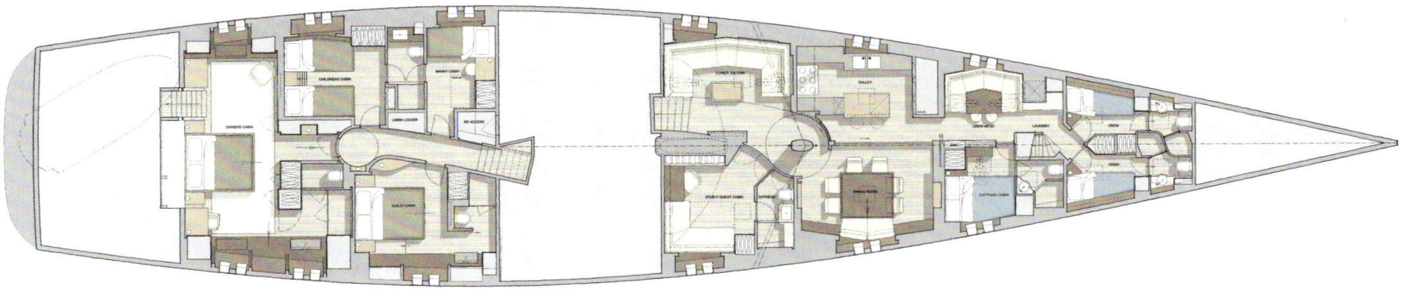

ETHEREAL

GRÜN GEWINNT

Mit der 58-Meter-Ketsch realisierte die Werft Royal Huisman den Traum der fast autarken Yacht. Ihre umweltbewusst lebenden Eigner ließen intelligente Systeme installieren, die Bordressourcen und die Welt außenbords schonen.

Fotografie: Franco Pace

Spielzeug an der langen Leine: Die Badeplattform faltet sich nach komplizierter Abwicklung hydraulisch aus dem abgerundeten Spiegelheck. Sie dient gleichzeitig als Landesteg für zahlreiche Tender und Toys.

Aufenthaltsraum: Das nach achtern offene Deckshaus dient als Empfangs- und Speisebereich. Davor wacht der überdachte Kontrollstand. In warmen Gefilden ist das gemütliche Cockpit der Lieblingsplatz von Eigner und Gästen.

Arbeit im Schatten: Die von robusten Bimini-Segeln überdachten Steuerstände wirken technisch überladen, sind jedoch strikt organisiert. Die Joysticks ganz links kontrollieren die Segel, Monitore zeigen Seekarten, Radardaten und Infos aus dem Motorenraum.

Liegewiese: Vor Anker und im Hafen gerät die Bucht für den Crew-Tender unter einem Beduinenzelt zur luftigen Vordeck-Lounge. Stewardessen sorgen hier für den Nachschub an kalten Drinks. Viele Details ließ der Eigner hinter Klappen verstecken (unten).

Ruhepol: Der untere Salon bietet steuerbords eine mit LED-Leuchten gemütlich illuminierte Bibliothek mit weichem Sofa, das zum Verweilen, Lesen und Entspannen einlädt.

Wer *Ethereal* am Kai liegen sieht, ahnt nicht, das unter der klassisch anmutenden Außenhaut der 58-Meter-Ketsch einige der intelligentesten Bordsysteme arbeiten, die in den vergangenen Jahrzehnten erfunden wurden. Eine dem Bau vorangegangene Expertenrunde erarbeitete auf dem Gelände der Royal Huisman-Werft eine umfangreiche Anforderungsspezifikation, die *Ethereal* zu einer Ressourcen schonenden, autarken Yacht mit guter Segelleistung und viel Komfort macht. So entwickelten die Spezialisten einen extravaganten Hybrid-Antrieb, der ohne Dieselgeräusch und Abgasschwaden arbeitet und der während des Motor- und Segelbetriebes in kürzester Zeit eine der innovativsten Batteriebänke lädt, die je eine Werft installierte.
Zwei Stunden hält die 58 Meter lange *Ethereal* den flüsterleisen Elektro-Fahrbetrieb durch. Dann müssen Diesel den Schub übernehmen; ihre beiden Antriebsstränge arbeiten elektrisch oder dieselgetrieben. Der Blick in das technische Datenblatt offenbart: Jedem 533 Kilowatt starken Caterpillar-Diesel ist ein 300-Kilowatt-Elektromotor nachgeschaltet, beide liefern ihre Leistung an eine gemeinsame Welle. Während Dieselfahrt laufen die E-Motoren als Generatoren und laden die Batterie. Doch trotz aller Antriebsfinesse – *Ethereal* ist vor allen Dingen eine Segelyacht: 1603 Quadratmeter Tuch, verteilt an Groß- und Besanmast, bringt sie an den Wind und fährt dank einer 48-Meter-Wasserlinie schon während leichter Brise selten weniger als fünf Knoten. Ab vier Windstärken erreicht sie ihre Rumpfgeschwindigkeit von 17 Knoten. Dabei bleibt es, 472 Tonnen Verdrängung bringen auch zusätzliche 763 Quadratmeter Code Zero und die 458 Quadratmeter des Besanstagsegels nicht ins Gleiten. Dafür geht *Ethereal* perfekt an den Wind. Mit scharfen Unterwasserlinien und einem 4,90 Meter tiefen Kiel mit Ballasttorpedo, dem Yachtkonstrukteur Ron Holland noch Flügel ansetzen ließ, sind 40 Grad am Wind kein Problem. Ein technischer Fakt, der in der Segelpraxis kaum relevant erscheint. Wie alle Supersegler fühlt sich auch *Ethereal* auf raumen Kursen am wohlsten. Dann sind auch höhere Geschwindigkeiten bei weniger Krängung drin. Die beiden Steuerstände platzierte der für das Exterieur-Styling verantwortliche Yachtdesigner Pieter Beeldsnijder gleich vor dem Besanmast, separiert von Aufbau und dem überdachten Hauptcockpit und vor dem privaten Eignercockpit achtern. Zu den weiteren technischen Highlights an Bord zählt das dynamische Positionierungsystem, dass *Ethereal* allein mithilfe der Verstellpropeller, des Ruders und der Querstrahler mit GPS-Hilfe perfekt an einem Ort über Grund hält. Oder die ins Vorschiff eingelassenen Tender-Buchten, die sich im Hafen, von einem Beduinenzelt überdacht, mit wenigen Handgriffen in einen Partyplatz für 20 Gäste umfunktionieren lassen. Die an den Masten hochfahrbaren Krähennester, die aus dem Masttopp eine berauschende Rundumsicht gestatten, sind für die holländische Royal Huisman-Werft längst Standard. Genau wie die von Rondal hergestellten Großyachtbeschläge und -blöcke und die im Schanzkleid verdeckt eingebauten Reelwinschen. Das komplexe Energie-Versorgungskonzept basiert auf der Tatsache, dass energietechnisch Überflüssiges gar nicht erst erzeugt wird. Also statteten die Konstrukteure *Ethereal* mit einer ultraeffektiven Wärmeisolation aus. Sie ließen neu entwickelte LED-Leuchten installieren, die keine Wärme abge-

Eignerbereich: Die mit Swietenia-Mahagoni ausgestattete Mastersuite im Achterschiff ist auch über einen Privat-Niedergang aus dem achterlichen Eigner-Cockpit zu erreichen.

ben. Elektrochromatisches, steuerbares Isolierglas für Luken und Fenster halten UV- und Wärmestrahlung aus dem Interieur fern. All das resultiert in kleineren Klimasystemen, die wiederum nur kleinere Stromerzeuger erfordern. Ein einfacher, aber äußerst effektiver Kreislauf. Eine Yacht dieser Größe benötigt für gewöhnlich zwei Generatoren mit einer Leistung von 150 Kilowatt. *Ethereal* erhielt zwei 90 Kilowatt leistende Generatoren und kann selbst mit ihrem 55-Kilowatt-Notstromaggregat den Bordbetrieb aufrechterhalten.

Dank des aus beruflichen Gründen mit IT-Systemen bestens vertrauten Eigners finden sich überall an Bord rechnergesteuerte Systeme auf dem neuesten Stand der Technik. IPads kontrollieren das Licht, die Jalousien und das Entertainment-Programm. Selbstverständlich lassen sich auch die Schiffs-, Navigations- und Fahrdaten auf dem Tablet-PC abrufen.

Und das Interieur? Hier wählte der Designer einen Stil, der ganz offensichtlich Mahagoni favorisiert, jedoch auf sämtliche Schnörkel verzichtet. Eine weise Wahl. *Ethereal* ist eine Yacht, die ohne Extras auskommt.

Länge	58,04 m
Breite	11,40 m
Tiefgang	4,90 m
Verdrängung	472 t
Material	Alustar
Takelung	Ketsch
Masthöhe (über Deck)	56,40 m
Segelfläche	2824 qm
Rumpfgeschwindigkeit	16,86 kn
Stehendes Gut	OYS
Mast + Baum	Marten Spars
Segel	North Sails
Motor	Caterpillar, 2 x 533 kW
Konstruktion	Ron Holland, Pieter Beeldsnijder
Interieur-Design	Pieter Beeldsnijder
Klasse	LRS, MCA
Werft	Royal Huisman, 2009

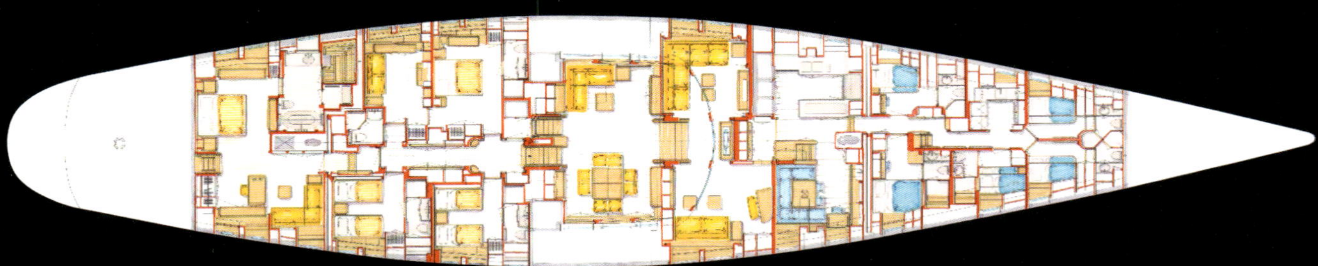

LISTIG WIE ODYSSEUS

Polytropon II nannte der griechische Eigner seine neue Yacht: viel unterwegs und listenreich wie der Held Homers. Nautor lieferte eine 25-Meter-Slup ohne Galley-, Crew- und Servicebereich.

Fotografie: Franco Pace, Matteo Piazza

Tiefflug: Nautor lieferte das Frers-Design an einen Griechen, der die weiße Slup dank Rollgroß und Selbstwendefock einhand segeln kann. Kreuzt die 42 Tonnen leichte *Polytropon II* über Regattabahnen, nimmt der Eigner Crew an Bord.

Aufgeräumtes Cockpit: Fallen und Großschot laufen auf unter Deck versteckten Reelwinschen, die Bedienung der hydraulischen Helfer erledigt der Eigner mittels Knopfdruck von den Steuerständen aus. Auch die Räder passen optisch in das Konzept.

Weiße Pracht: *Polytropon II* kreuzt mit schneeweißen Segeln. Das Deckshaus scheint keine Fenster zu haben und ist doch Fenster pur. Nautor beklebte das Glas mit einer nur von außen blickdichten Folie.

Symmetrische Organisation des Raumes: Das helle Deckshaus geht in die Mastersuite über, das minimalistische Interieur ist an der Mittschiffslinie gespiegelt. Achtern schlafen vier Gäste in zwei Kabinen.

Strahlendes Weiß. Fast blendet es. So legt die 25 Meter lange Nautor-Slup *Polytropon II* ab. Ein unübertroffen extravagantes Styling, das aus nur einem Büro stammen kann: Lazzarini Pickering. Die Architekten Claudio Lazzarini und Carl Pickering wandeln in ihrem römischen Atelier kreativ weit abseits ausgetretener Pfade. Doch entscheidend für die Realisierung eines solch extremen Designs ist neben außergewöhnlichen Architekten ein ebenso außergewöhnlicher Eigner, der für Neues empfänglich und mutig genug ist, diese Visionen umzusetzen.

All das kam bei *Polytropon II* zusammen. Der segelerfahrene griechische Eigner wünschte sich eine elegante Yacht mit dramatischem Touch, die seinen Freunden und ihm ein Maximum an Platz und Segelspaß bieten sollte. Anstatt jedoch eine große Yacht zu bauen, entschied er, die Funktionen zu teilen. Bei Nautor in Finnland orderte er eine mit 25 Metern Länge relativ kleine Slup mit Linien des argentinischen Konstrukteurs Germán Frers, die große Unterkünfte für Gäste und viel Raum für Partys und das sonnige Leben bietet. Die vier- bis achtköpfige Crew verbannte er, genau wie die große Galley, den Weinschrank und das gesamte Laundry-Equipment, auf ein sogenanntes Shadow Boat, das der Slup permanent folgt. Die 14,30 Meter lange und 30 Knoten schnelle *Polytropon II* kommt auch als Tender für die Gäste zum Einsatz. Während das Essen zubereitet und dann auf *Polytropon II* serviert wird, liegt das scherzhaft auch »Küchenboot« getaufte Beiboot längsseits. Danach geht die Crew auf Distanz und ankert in der Nähe der weißen Segelyacht. So einfach das Konzept, so stylisch und minimalistisch gestaltete das Team um Lazzarini und Pickerung das Interieur des 42,20 Tonnen schweren Cruisers. Boden, Wände und Himmel sind, abgesehen vom gläsernen Deckshaus, aus gebeiztem und gewachsten Teakfurnier und vermitteln dem Eigner das Gefühl, sich in einem Kokon aus Holz zu bewegen. Im Kontrast zum matten Holz stehen die großflächigen, hochglanzpolierten weißen Querschotts zwischen den drei Kabinen und die weißen Bezüge der Sitzmöbel und Betten. Dass die Nautor 82 Custom eine seegängige Segelyacht ist, beweist sie auch unter Deck. Robuste Edelstahl-Handrails verzieren den Himmel entlang der Yachtlängsachse und garantieren überall Halt.

Das Teakdeck wirkt clean und aufgeräumt, da alle Schoten unter Deck laufen. Kaptive Winschen im kantigen Cockpit-Süll bedienen die Fallen. Die öldruckgesteuerte Reelwinsch für die Großschot liegt unter Deck, sodass ein Leinenwirrwarr im Cockpit entfällt. Um zusätzliche Trimm-Optionen zu ermöglichen, verankerten die Nautor-Ingenieure zwei elektrische Harken-Winschen direkt vor den Steuerständen. Diese dürften jedoch in den seltensten Fällen Strom verbrauchen, da der Eigner mit einem simpel zu bedienenden Roll-Groß sowie einer selbstwendenden Fock segelt. Die häufig leichten griechischen Winde fängt *Polytropon II* zusätzlich mit einem 292 Quadratmeter großen Code Zero und auf Raumwind-Kursen mit einem 529 Quadratmeter großen Gennaker ein.

Das kantige Deckshaus im Stil eines Lockheed-F-117- Stealth-Bombers kann getrost als das markante Markenzeichen der 5,94 Meter breiten *Polytropon II* bezeichnet werden. Vom Hall-Spars-Karbonmast ausgehend, streckt es sich elegant bis zum Cockpit, in dem bequem zehn Gäste an einem ausklappbaren Speisetisch Platz finden. Das gesamte Deckshaus und Süll be-

Speiseplatz: Im Salon serviert die Crew das Essen vom Shadow Boat *Polytrofon II*. Nach dem Lunch oder Dinner werden die Tische versenkt, und die Sitz-Ecken verwandeln sich in gemütliche Lounge-Bereiche.

Blick bis in den Salon: Helle Stoffe und Paneele sorgen auch in der Eignerkabine für Kontrast, gebeiztes und gewachstes Teakholz dominiert die gesamte Einrichtung.

steht aus Glas, das von innen mit einer weißen, nur von außen blickdichten Folie beklebt ist. So genießt der Eigner aus seinem Salon eine fantastische Aussicht und kann sich doch sicher sein, dass seine Privatsphäre gewahrt bleibt. Neben all dem coolen Minimalismus über und unter Deck vergisst man schnell, dass es sich um eine Segelyacht mit Speedpotenzial handelt, die auch für längere Reisen gebaut wurde. Die Finnen laminierten nach den Vorschriften der Klassifikationsgesellschaft Bureau Veritas E-Glasfasern auf einem Corecell-Schaumkern und verstärkten Rumpf und Deck mit Karbon-Gelegen.

Auch wenn eine traditionelle Swan sicherlich anders aussieht, die von der Custom Abteilung abgelieferte Slup besitzt unverkennbar Nautor-Qualität. Interessierte Blicke sind dem extravaganten Cruiser in jeder Marina zweifellos gewiss. Diese können den Eigner und seine Crew jedoch kaum stören – denn Sonnenbrillen dürften, besonders an hellen Tagen, Pflicht sein. Wer sich ohne an Bord traut, dem blüht dank des leuchtend weißen Anstriches wohl die Schneeblindheit.

Länge	25,00 m
Breite	5,94 m
Tiefgang	4,00 m
Verdrängung	42,2 t
Material	E-Glasfaser, Karbon, Corecell
Takelung	Slup
Segelfläche	345 qm
Stehendes Gut	Nitronic Rod
Mast + Baum	Hall Spars, Southern Spars
Segel	North Sails, 3DL
Motor	Cummins, 200 kW
Konstruktion	Germán Frers
Exterior-Styling	Lazzarini Pickering
Interieur-Design	Lazzarini Pickering
Klasse	Bureau Veritas
Werft	Nautor, 2008

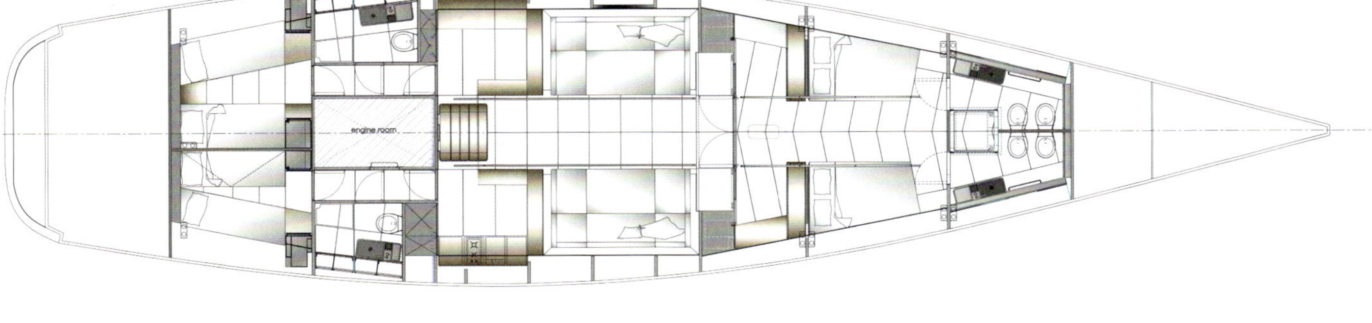

KOKOMO

EIN HARTER GEGNER

Für den Eigner ist die 58,40 Meter lange *Kokomo* die dritte Slup gleichen Namens. Für die Superyacht Cup-Teilnehmer bedeutet das Dubois-Design eine fast schon unfaire Konkurrenz.

Fotografie: Chris Lewis

18.8
26.9
- 39
ALLOY

Gigantische Aussicht: *Kokomo* lässt sich dank hydraulischer Systeme auch von vier Mann bändigen. Der Kapitän steuert auf der Flybridge konventionell per Rad, trimmt jedoch die Segel mit Joysticks.

Hoch am Wind: *Kokomo* setzt Maßstäbe. Der Southern-Spars-Mast endet 74 Meter über der Wasseroberfläche und trägt mit großer Genua etwas über 2000 Quadratmeter Doyle-Segel.

Überdachter Sitzbereich: In die Sülls versenkbare Glasscheiben schützen den hinter dem Salon gelegenen Cockpit-Bereich vor Seitenwind, die weit nach achtern gezogene Flybridge hält Regen fern. Hier, im Heck, feiern 30 Personen unbedrängt.

Salon-Perspektive mit Kunst: Ein Werk des Glaskünstlers Miles Johnson aus Melbourne wirkt als Eyecatcher und versteckt den TV-Monitor. Schräg gegenüber der Bar deckt die Crew den Speisetisch für bis zu zwölf Gäste.

Integrierte Brücke: Das Herz von *Kokomo* schlägt hier. Alloy Yachts integrierte die Instrumente unter dunkel getönten Glasflächen, die sich absenken lassen und alle wichtigen Daten anzeigen.

Alles spricht für Speed. Der gestreckte, schwarze Rumpf mit steilem, scharfen Vorsteven, der nicht enden wollende weiße Kohlefasermast und das Dubois-Kennzeichen der umlaufenden, schwarzen Verglasung. *Kokomo* ist eine gigantische Performance-Maschine. Die von Alloy Yachts in Neuseeland geschweißte Riesen-Slup verdrängt bei einer Länge von 58,40 Metern nur 598 Tonnen, bei einem Ballastanteil von 24 Prozent. Die Segelfläche ist schier unglaublich. 2034 Quadratmeter, aufgeteilt auf Genua und Großsegel, bringen *Kokomo* am Wind schnell auf Rumpfgschwindigkeit, ein 2227 Quadratmeter großer Multi Purpose Spinnaker, kurz MPS, füllt sich auf raumen Kursen. Nie wurde ein größeres Segel genäht. Für alle Beteiligten – die Designer von Dubois Naval Architects, die Innenarchitekten von Redman Whiteley Dixon und die neuseeländische Werft Alloy Yachts – bedeutete die Slup ein neues Maß. Keiner von ihnen hat je ein größeres Projekt betreut. Auch die Mastenbauer von Southern Spars setzten mit der neuen *Kokomo* ihre persönlichen Bestmarken. Da es dem Eigner nicht darauf ankam, den Panamakanal passieren zu können, ragt die Mastspitze mit 74,30 Metern über der Wasserlinie weit über die Durchfahrthöhe der Bridge of the Americas hinaus. Diese *Kokomo* ist die dritte ihres Namens. Die erste *Kokomo* (heute *Nuberu Blau*) maß noch 40 Meter, die zweite bereits 51,70 Meter (heute *Konkordia*). Die 6,70 Meter Differenz zur Nummer zwei stecken in Konstruktion, Segelleistung, Formgebung und Bequemlichkeit.

Die neue *Kokomo* optimiert mit jedem Quadratmeter innen und außen ihre Vorgängerin. An Bord begeistern die Arbeit der Interieur-Designer samt Oberflächenfinish und dekorativer Kunstwerke. Weiche Teppiche verwöhnen die Füße, seidene Bettdecken garantieren Entspannung, und die Nubuk-Bespannung der Barhocker lädt zum Verweilen ein.

Aufgrund der Belüftung des Motorenraums über einen Lüftungsschlitz unterhalb der Flybridge und eine Abführung in die Kielbox ist die eingeatmete Luft von Motorgerüchen vollkommen unbelästigt. In ihr steigt übrigens der Ballast bei Bedarf von mehr als acht auf weniger als fünf Meter an.

Den besten Überblick und eine optimale Sicht in die Segel hat der Kapitän von den Steuerständen auf der Flybridge. Durch einen verglasten Niedergang geht es achtern auf Deck. Das gemeinsame Bordleben findet im Cockpit auf dem Hauptdeck statt. In extremen Klimazonen schützen hier Seitenscheiben und eine Heckverglasung.

Gläserne Pforten öffnen den Weg in den Salon. Der erste Blick fällt auf die gegenüberliegende Wand. Dort wirkt ein Kunstwerk des Glaskünstlers Miles Johnson aus Melbourne mit rotem Grundton als Eyecatcher. Das Objekt hebt sich grell von einem nervenschonenden Ton-in-Ton-Interieur ab. Den Boden bedeckt ein Parkett aus Wengé, darüber wärmen helleres Holz und Leder die Raumatmosphäre.

Steuerbords lädt gleich hinter dem Eingang eine Bar ein, gegenüber an Backbord verdeckt ein halbhoher lederbezogener Schrank mit zahlreichen Schubladen für Kleinkram den Niedergang auf das Unterdeck. Obenauf thront eine Plastik, die, wie auch alle anderen Kunstwerke bis auf einen Miró, von einem australischen Künstler stammen.

Neben dem Kielkasten führt ein Durchgang voraus zur Navigationsstation. Die Werft integrierte die Instrumente unter

Gelungene Mischung: Das Interieur aus Holz und Leder setzten die Designer in der Eignersuite fort (Foto unten rechts). Die Lobby endet voraus vor den beiden VIP-Kabinen.

dunkel getönten Glasflächen, die sich auf Knopfdruck in die Horizontale absenken lassen und bei Benutzung alles anzeigen, was technisch an Bord passiert.
Crew-Arbeit findet auch ein Deck tiefer im Vorschiff statt, backbords vom Mast in der Galley. In großen Kühlschränken findet der Chef seine Zutaten, ein großzügig dimensionierter und wohtemperierter Weinkeller erlaubt eine fachgerechte Lagerung vieler hundert Flaschen. Die Crew selbst zieht sich während Pausen in eine große Messe und voraus in ihre Doppelkabinen zurück. Achtern wohnen, wie üblich, Eigner und Gäste. Alloy Yachts stattete einen Großteil des voluminösen Interieurs mit Oberflächen aus Eco-Teak aus.
Nichts ist an Bord der *Kokomo* knapp bemessen. Das gilt auch für die beiden Anker, die aus Luks unter Wasser fallen, sich dort auf dem Grund mit Beleuchtung und Kameras kontrollieren lassen und anschließend wieder nahtlos im Rumpf verschwinden. Irgendwann fallen sie vielleicht vor der Insel Kokomo, die den Eigner übrigens bei der Namensfindung dieses Alloy-Giganten inspirierte.

Länge	58,40 m
Breite	10,87 m
Tiefgang	4,95/8,10 m
Verdrängung	598 t
Material	Aluminium
Takelung	Slup
Masthöhe (über Wasser)	74,30 m
Großsegel	883 qm
Genua	1151 qm
Stehendes Gut	OYS
Mast + Baum	Southern Spars
Segel	Doyle Sails
Motor	Caterpillar, 2 x 650 kW
Konstruktion	Dubois Naval Architects
Interieur-Design	Redman Whiteley Dixon
Klasse	Lloyd's
Werft	Alloy Yachts, 2010

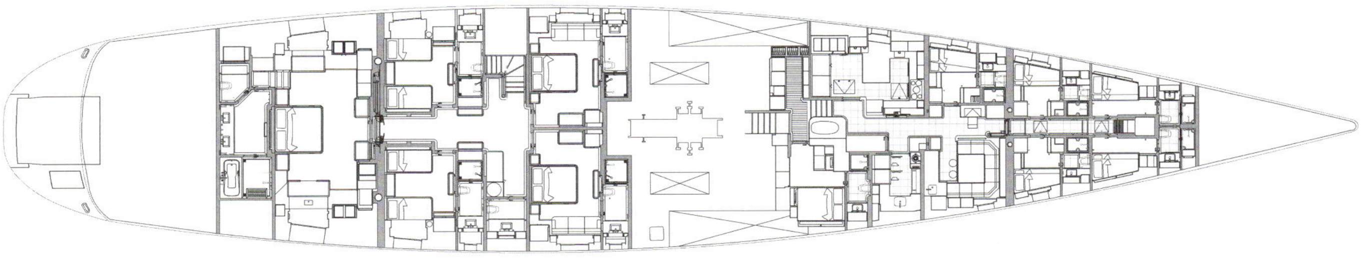

SEXY RACER VOM KAP

Mit *Kiboko* lieferte die Werft Southern Wind ein Performance-Leichtgewicht, das auch auf Regattabahnen rockt. Das Vollkarbon-Format ist eine Kooperation der Yachtdesign-Büros Reichel Pugh und Nauta.

Fotografie: Carlo Baroncini

Auf der Glitsch: Die nur 50,5 Tonnen verdrängende *Kiboko* überwindet auf raumen Kursen spielend ihre Rumpfgeschwindigkeit von zwölf Knoten. Das Karbon-Rigg trägt am Wind 463 Quadratmeter 3DL-Laminat.

Auf der Kante: Das Designbüro Reichel Pugh entwarf einen sportlichen Performance-Cruiser, der auf ein Rollgroß verzichtet. Das Segel setzt und refft die Crew konventionell, ein Park-Avenue-Baum nimmt das Tuch auf. Zuhause ist *Kiboko* in Spanien.

Effektive Kuttertakelung: Am abnehmbaren inneren Vorstag setzt die Crew bei viel Wind ein Stagsegel, die Genua rollt auf einen unter dem Deck installierten hydraulischen Furler. Für Cruisingetappen lässt sich der Bugspriet bei Bedarf abnehmen.

Lichter Salon: Nauta Design sorgte für einen ausgewogenen Materialmix aus Teak, Karbon und Edelstahl. Wände und Decken zieren weiße Paneele. Backbords geht die Salon-Sofaecke nahtlos in eine gemütliche und Couch-bestückte TV-Lounge über.

Galley und Navigation: Direkt vor den zwei im Heck untergebrachten Crew-Kabinen befindet sich backbords der Navi-Bereich und Gasherd, gegenüber die kleine Messe mit drei Hockern.

Kurz vor den Toren Kapstadts, mit Sicht auf den Tafelberg, entstand mit der 29 Meter langen *Kiboko* die erste reine Kohlefaser-Yacht der auf Supersegler spezialisierten Werft Southern Wind.

Die sportliche Slup mit der Modellbezeichnung SW 94 orderte ein Regattaerfahrener spanischer Eigner, der zuvor mit einer 2006 gelaunchten SW 72 gleichen Namens über Maxi Cup-Kurse kreuzte. Auch mit seiner neuen *Kiboko* plant er die Teilnahme an Superyacht-Racing-Events, und nicht umsonst vertraute er auf das ihm wohlbekannte und für schnelle Risse stehende Design-Duo John Reichel und Jim Pugh, das schon seine erste Yacht gezeichnet hatte.

Die Amerikaner entwarfen eine mit 6,66 Metern relativ schmale Yacht mit scharfer Stevenpartie für einen weichen Wassereintritt und einem äußerst flachen und dadurch angleitfreudigen Achterschiffsbereich. Race-orientierte Anhänge, wie der 4,50 Meter tiefgehende und 18 Tonnen schwere Flossenkiel mit langer Ballastbombe und ein Kohlefaser-Ruderblatt mit großem – von Hydrodynamikern »Aspect Ratio« genannten – Längen-Breiten-Verhältnis, runden das sportliche Rumpf-Paket ab.

Neben dem äußeren Erscheinungsbild unterstreichen auch die Ergebnisse aus dem Bau vorangegangenen VPP-Berechnungen die herausragenden Segeleigenschaften. Segelt *Kiboko* hart am Wind und bei einer Windgeschwindigkeit von schlappen sechs Knoten, zeigt den Computer-Analysen zufolge das Log eine Geschwindigkeit von 8,34 Knoten an. Auf raumen Kursen und bei 14 Knoten wahrem Wind ist der Wert mit 14 Knoten Speed nicht weniger eindrucksvoll. Passen Windrichtung und -stärke zusammen, kommt *Kiboko* problemlos ins Gleiten. Dann sind auch Geschwindigkeiten jenseits von 25 Knoten möglich.

Die für Southern Wind-Yachten typische 7000 Seemeilen lange Überführungsfahrt vom Kap der Guten Hoffnung entlang der afrikanischen Küste bis ins Mittelmeer offenbarte das wahre Potenzial der Slup und gab den Computer-Berechnungen recht. Beeindruckende Etmale und Sufreinlagen mit Geschwindigkeiten jenseits von 25 Knoten erfreuten Eigner und Crew.

Dass *Kiboko* für raues Wetter und harte Regatta-Einsätze konstruiert wurde, steht außer Frage. Die SW 94 ist das erste Vollkarbon-Format der Südafrikaner. Der 50,5 Tonnen leichte Performance-Cruiser entstand als Sandwich aus Kohlefasern

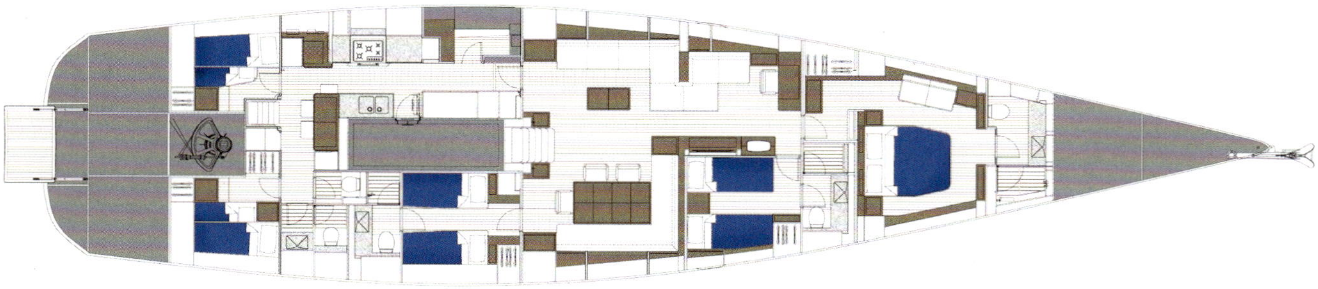

Gradlinieges Design: Die helle Eignerkabine inklusive Bad brachte das Nauta-Team vorn im Bug unter (Foto links, rechts unten), die Gäste schlafen steuerbords dahinter.

und Kevlar auf einem festen Corecell-Schaumkern. Die Bootsbauer laminierten den Rumpf mit Epoxidharz im bewährten Vakuum-Infusionsverfahren und dank einer neuen Baumethode in drei Negativformen, den beiden Seiten- und einer Bodensektion. Die Fertigungstechnik hat einige Vorteile: Jedes Bauteil lässt sich so nahezu horizontal und somit besser bearbeiten, und das durch das Vakuum gleichmäßig fließende Harz muss keine Gravitationskräfte überwinden.

Beweise für eine konsequent durchgezogene Materialwahl finden sich überall an Bord. In der über eine hydraulisch ausklappbare Schwimmplattform erreichbaren Lazarette arbeitet ein aus Pre-Preg-Karbon laminierter Ruder-Quadrant, der über eine reckarme Spektraleinen-Steuerung für die präzise Drehung des Ruders im Kohlefaserschaft verantwortlich ist. Auch über Deck garantieren die leichten schwarzen Fasern in Form eines Southern-Spars-Riggpaketes, bestehend aus Mast, Baum und EC6-Kabeln, minimales Gewicht, ein großes aufrichtendes Moment und damit maximale Performance. Das Design-Konzept, Exterieur- und Interieur-Styling stammt aus den Rechnern des Mailänder Büros Nauta Design. Die Kreativen um Mario Pedol und Massimo Gino zeichneten ein Arbeitscockpit mit Racer-typischem offenem Heck, sodass überkommendes Wasser schneller abfließt. Das ungewöhnliche *Kiboko*-Deckslayout bietet zwei Cockpits mit je einem Niedergang, die jedoch durch eine Art erhöhte Liegewiese voneinander getrennt sind. Ein Feature, das, besonders vor Anker und mit Polstern ausgelegt, einladend wirkt. Während das Gästecockpit mit einem Tisch und komfortablen Kissen ausgestattet ist, bietet das achterliche Arbeitscockpit viel Bewegungsfreiheit für Steuermann, Trimmer und Navigator.

Länge	28,64 m
Breite	6,66 m
Tiefgang	4,50 m
Verdrängung	50,5 t
Material	Karbon, Kevlar, Corecell
Takelung	Slup, kuttergetakelt
Masthöhe (über Deck)	40,00 m
Segelfläche	463 qm
Rumpfgeschwindigkeit	12,38 kn
Stehendes Gut	Southern Spars
Mast + Baum	Southern Spars
Segel	North Sails
Motor	Yanmar, 170 kW
Konstruktion	Reichel Pugh
Design	Nauta Design
Klasse	RINA
Werft	Southern Wind Shipyard, 2010

Beim Layout setzte die Werft auf ihr bewährtes Konzept. Der Eignerbereich liegt vorne im Bug, dahinter schließen sich die Gästekabinen an. Mit nur vier Gästeschlafplätzen an Bord bleibt ungewöhnlich viel Platz für den Salon, den die Designer mit einer »TV-Lounge« genannten Entspannungsecke aufwerteten. Ein Raum-Detail, das bei so viel offensichtlichem Segelspaß-Potenzial wohl selten zum Einsatz kommt.

MARIE

RUNDUM EIN VERGNÜGEN

Der Eigner wagte die Evolution. Vitters und Hoek lieferten die 55 Meter lange *Marie*. Ihr Pendant *Adèle* segelte bereits vor einigen Jahren rund um den Erdball. Kap Hoorn ruft auch nach dieser neuen Ketsch.

Fotografie: Thierry Ameller, Rick Tomlinson, Tom Nitsch

Stolzer Anblick: Für die Vorsegel montierte Vitters Reckmann-Furler. Eine Yacht wie diese 55 Meter lange Ketsch lässt sich heute auch darum mit achtköpfiger Crew segeln. Ihr Eigner geht mit *Marie* auf große Fahrt. Chartergäste sind übrigens gern gesehen.

Klare Aufteilung: Das Deckshaus achtern reservierte der Eigner für sich und seine Familie. Das große weiße Bimini mit Lichteinlässen schützt den Rudergänger und das Gästecockpit. Das Deckshaus davor dient als Salon und Speiseraum.

Kurs Pazifik: Der schwarze Gennaker zieht die von André Hoek klassisch gestylte Ketsch raumschots mit 1610 Quadratmetern durch die See. Der Eigner wählte die Farbe passend zum Rumpf. Wenn der Wind stimmt, sind mehr als 20 Knoten möglich.

Privatbereich: Das Eignercockpit ist, wie das Gästecockpit, von einem weißen Bimini überdacht. Aus dem davorgelegenen Deckhaus führt ein Niedergang direkt in die geräumige Eignerkabine.

Privates Abteil: Der Niedergang mittschiffs führt in das Deckshaus des Eigners. Dem Bett an Backbord stellte Vitters ein Ecksofa gegenüber. André Hoek schuf auch hier ein ruhiges Retro-Design.

Die Alu-Ketsch *Marie* erlaubt spektakuläre Aussichten – aus einer Höhe von 37,50 Metern aus ihrem Krähennest am Großmast. Knapp unterhalb des Stages für das kleine Vorsegel stoppt der Fahrstuhl. Dies mag ein Argument für die Wahl einer Segelyacht sein. Nun ist solch ein Hochsitz für zwei Personen nicht nur ausgedacht, um einen schönen Ausblick über den Port Hercule zu bieten. Ein Ausguck ist in Revieren mit unsicheren Tiefen aus anderen Gründen sinnvoll, dem Echolot zum Trotz. Das Krähennest ist ein erster Hinweis für die Ziele, die *Marie* anlaufen soll.

Unten, auf dem Deck, fällt neben blanken Lüftern und polierten Deckshäusern eine Perle der Bootsbaukunst auf. Sie heißt passend *Marietta* und steht backbords auf Böcken, verzurrt mit Wantenspannern. Eine US-Werft schreinerte die kleine Gaffel-Schönheit aus Eiche und verlegte Teakdeck. So wunderbar die Große scheint, so schnell verguckt sich das Auge in die Kleine. Dieses Segeldingi hört auf die Funktion Übersetzboot für Eigner und Kapitän. Und es passt perfekt zum klassischen Hoek-Design und der formidablen Vitters-Arbeit für *Marie*.

Nach der Besichtigung des Gaffel-Dingis zeigen Kanonen an Bord den *Marie*-Zweck. Der Eigner liebt historische Waffen. Kanone hier, Pistole dort. Das Eignercockpit achtern bewachen gegossene Pariser Rohre aus dem Jahre 1796, die die British East India Company den Franzosen abnahm. Die museal präparierte Kanone im Deckshaus feuerte den letzten Schuss des Amerikanischen Bürgerkrieges auf einem Fluss ab. Das war 1865. Über zwei Tonnen wiegt die antike Bewaffnung, die der Eigner an Bord tragen ließ. Zum Ausgleich fertigte Southern Spars Masten und Bäume aus Kohlefasern, und das Interieur ließ Vitters luftig aus dem hellen Anigre schreinern. Das helle Holz wächst in Ostafrika, ist leicht, wächst als Baum bis zu dreißig Metern Höhe, lässt sich vom Tischler unkompliziert verarbeiten und zu Furnieren schälen. Es wirkt beschwingt und freundlich. Ganz im Gegensatz zur voreingenommenen Erwartung beim Anblick der klassischen Linien von *Marie*. Diese lassen eher auf eine maritime Atmosphäre mit dunklem Mahagoni und weißen Deckenpaneelen schließen. Der New Yorker Easton gehört jedoch zu den führenden US-Innenarchitekten für Residenzen. Auch renommierte Boutique-Hotels gehören zu seinem Portfolio, er pflegt einen neoklassizistischen, urbanen Stil.

Das Oberlicht des Speiseraumes spielt mit faszinierenden Spiegeleffekten. Auch der Symmetrie an Deck wegen fällt das Tageslicht in die gegenüberliegende VIP-Kabine durch ein ebenso ausgefeiltes wie rätselhaftes Lichtsystem. Die Musik spielt im unteren Salon. Ihn beherrscht ein Steinway-Stutzflügel und ermöglicht auch denen, die keine Kenntnisse der weißen und schwarzen Tasten haben, einen Pianistenauftritt – sofern die Zuschauer nicht erkennen, dass hier der Automat die Melodie fabriziert. Ebenfalls in Mode sind Hamams. Vitters richtete das Dampfbad backbords im Bad des Eigners statt eines Jacuzzi ein. Glänzende Fliesen und ein Spiegelpaneel nach achtern suggerieren Größe des Raumes. Ein Bullauge erlaubt durch den Dampf hindurch den Blick nach draußen.

Marie ist nicht vom Himmel gefallen. Sie ist eine Evolution der Vitters-Ketsch *Adèle* aus dem Jahre 2005: gleiche Länge, gleiche Breite, gleicher Tiefgang, gleicher Rumpf mit

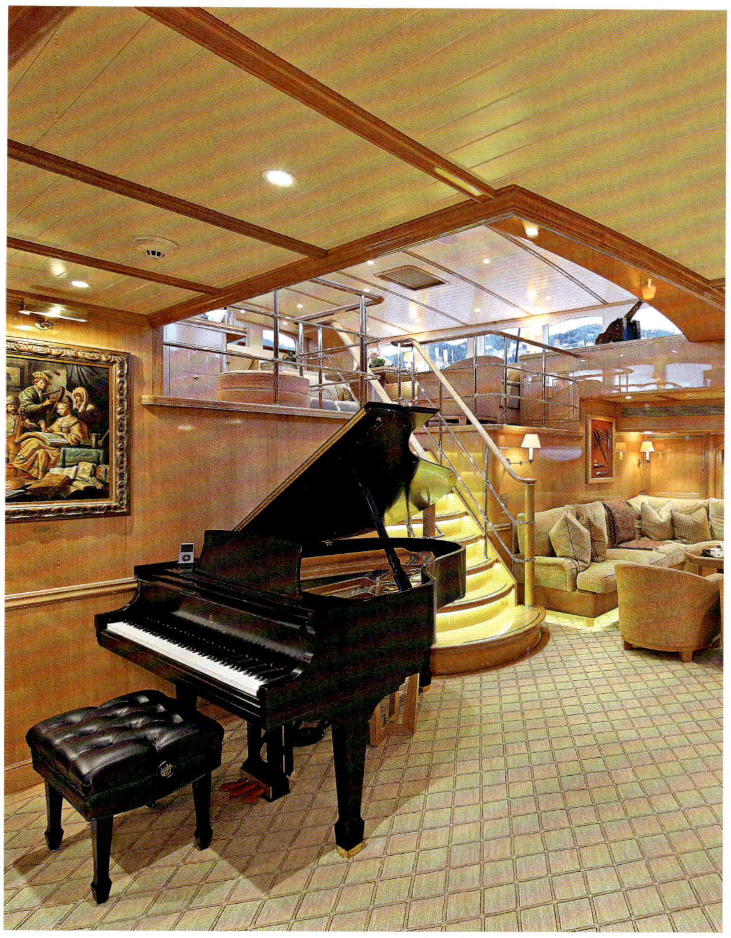

Durchblick nach achtern: Hinter dem Besan wohnt der Eigner. Im Gang ließ er vor Kanonen gemalte Segelträume aufhängen. Der Steinway-Flügel im Salon spielt allein.

deutlichem Sprung und darum recht niedrigem Freibord. *Adèle* speiste sich aus den gleichen Quellen wie *Marie* heute: Hoek-Design, Vitters-Produktion und MCM mit Nigel Ingram als Eignervertreter. Der erste *Adèle*-Eigner absolvierte mit seinem Wirklichkeit gewordenen Traum eine zweijährige Reise. Was konnte jetzt bei der Umsetzung der *Marie*-Ideen schon schiefgehen? Ihr Eigner, ein US-Amerikaner aus einem der Südstaaten, ging also auf Nummer sicher. Was sich an der Bewaffnung dieser 55 Meter recht eindrucksvoll erkennen lässt. Auch *Marie* zielt wie *Adèle* auf globale Reisen, auf die des Eigners und auf Charterer. Doch auch Regatten und Events wie den Superyacht-Cup nimmt der 298 Tonnen verdrängende Alustar-Bau gerne mit. Für Eigner und Crew sind diese Superyacht-Rendezvous eine willkommene Abwechslung und Grund, die komplette Segelgarderobe einmal auszufahren. So bläht sich auf raumen Kursen auch der bedrohlich schwarze 1610-Quadratmeter-Gennaker vor dem Steven, der mit seinem leuchtend roten Initial *Marie* schon aus großer Entfernung ankündigt.

Länge	54,60 m
Breite	9,50 m
Tiefgang	4,80 m
Verdrängung	298 t
Material	Alustar
Takelung	Ketsch
Masthöhe (über Deck)	57,00 m
Segelfläche	3300 qm
Stehendes Gut	Future Fibres
Mast + Baum	Southern Spars
Segel	North Sails
Motor	Caterpillar, 820 kW
Konstruktion	Hoek Design
Styling	Hoek Design
Interieur-Design	Hoek Design/Easton
Klasse	ABS, MCA
Werft	Vitters, 2010

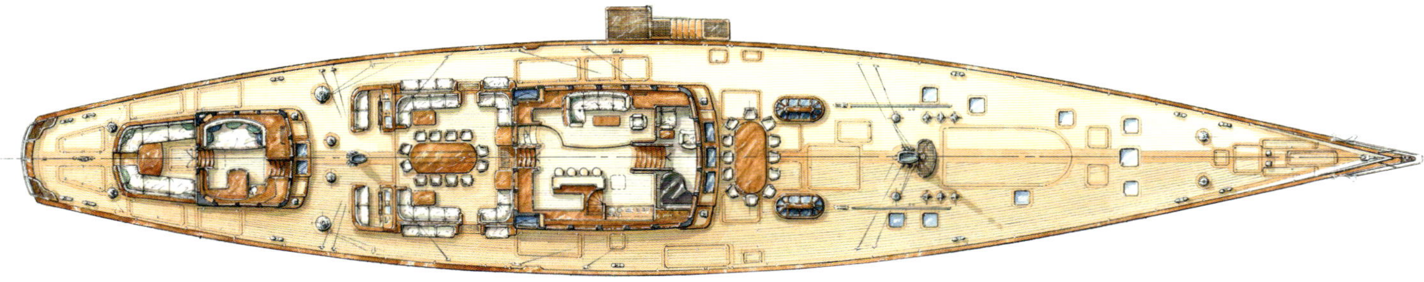

KANTIGE SCHÖNHEIT

CNB zeigt die atemberaubende *Chrisco*. Zweieinhalb Jahre bauten die Franzosen an der 30 Meter langen Leichtbau-Slup. Das markant-kantige Exterieur stylte Luca Brenta.

Fotografie: Nicolas Claris

Ecken und Kanten: Die Glas-Spezialisten von Tilse fertigten das eindrucksvolle Deckshaus aus 77 Verbundglasscheiben mit unterschiedlichen Stärken. Insgesamt verbauten die Hamburger 1,3 Tonnen Formglas.

Abendstimmung: Eigner und Gäste genießen im mit weißen Polstern bestückten Gästecockpit einen lauen Sommerabend vor Anker. Dank warmer Beleuchtung wirkt der Deckshaus-Salon der 30 Meter langen Segelyacht besonders einladend.

Buntes Tuch: 870 Quadratmeter misst der einem Kunstwerk nachempfundene A2-Gennaker. Dank hydraulischer Systeme lässt sich *Chrisco* auf Knopfdruck und damit auch mit kleiner Crew segeln.

Minimalismus pur: Das moderne Interieur-Design gestaltete das holländische Büro Wetzels Brown Partners. Das Layout lässt sich der Anzahl der Gäste anpassen. Weiße Flächen dominieren den Raum.

Läuft die martialisch anmutende 30-Meter-Slup *Chrisco* in den Hafen ein, stehen Touristen meist dicht an dicht, staunen und richten ihre Digitalkameras auf den Eyecatcher. Der Hype um die nur 73 Tonnen verdrängende Karbon-Konstruktion lässt sich nachvollziehen. Das spektakuläre schwarz glänzende Glasdeckshaus in Multiknick-Optik sucht in Kombination mit dem cleanen Deck und den schnellen Rumpflinien seinesgleichen. Design war die oberste Priorität des Eigners. Es sollte ein Entwurf mit vielen Ecken und Kanten sein, dennoch elegant, durchgehend minimalistisch und modern gehalten. Anforderungen, die der italienische Yachtdesigner Luca Brenta beeindruckend umsetzte.

Für die Konstruktion beauftragte der begeisterte Segler die französische Werft CNB mit Hallen in Bordeaux, die den Rumpf des 30,48 Meter langen Cruisers als Sandwich aus Kohlefasern, Balsa-Holz und Vinylester nach Bureau Veritas-Vorschriften laminierten. Um das imposante Glasdeckshaus realisieren und installieren zu können, musste die Werft die norddeutschen Yachtglas-Profis um Hans-Joachim Tilse verpflichten. Ein komplexer Auftrag, das Deckshaus besteht aus 77 zum größten Teil gebogenen Einzelpaneelen.

Ein von Probridge entwickeltes komplexes elektronisches Bordsystem ermöglicht den Zugriff auf alle Funktionen der Navigation, Kommunikation, Internet und Entertainment. Aus Sicherheitsgründen ist ein Großteil der Systeme doppelt vorhanden und arbeitet redundant. Sieben verbundene Rechner arbeiten in drei Netzen, über 1000 Meter an Hifi- und Heimkino-Kabeln verstecken sich hinter den Wandverkleidungen und unter den dunklen Bodenbrettern. Die verblüffende Raumgestaltung unter Deck entwarf das Büro Wetzels Brown Partners, das bereits auf einigen der ganz ausgefallenen Wally-Formate ihre Kreativität ausleben durfte. Für *Chrisco* ließen sich die Holländer etwas ganz Besonderes einfallen. Klare kantige Formen, überwiegend weiß hochglänzende Oberflächen im Kontrast zu wenigen dunklen Möbeln und schwarzen hochglanzpolierten Karbon-Applikationen machen aus dem 7,76 Meter breiten und 30 Meter langen Rumpf ein modernes Loft mit nahezu durchgehendem Blick vom Heck bis in den Bug. Achtern, unter dem Steuerstand, wohnt die Crew in zwei Kabinen. Davor liegt backbords die mit Miele- und Gaggenau-Geräten bestückte Galley, gegenüber richtete CNB die kompakte Crew-Messe und die Navigationsecke ein,

Loft für die Regattabahn: Überwiegend weiße Oberflächen bilden einen starken Kontrast zu den klarlackierten Kohlefaser-Elementen. Ein Großteil der Möbel wurde speziell für *Chrisco* gefertigt.

Stimmungsmache: Hinter den Wandpaneelen der Duschen leuchten je 4700 miteinander vernetzte LEDs, die für die Lichtflächen sorgen. Farbe und Intensität lassen sich variieren.

inklusive des Kommunikations-Equipments und der Monitore zur Überwachung der Motoren.

Der Salon ist, wie so oft auf Segelyachten, das Herzstück von *Chrisco*. Während sich die Gäste backbords auf einem großen Sofa entspannen, findet sich gegenüber ein eleganter dunkler Speisetisch mit Sitzplätzen für acht Personen. Zwei helle Gäste-Suiten schließen sich zum Bug hin an, davor erstreckt sich die geräumige Eignersuite inklusive großzügigem Bad. Die Wände der Dusche werden ebenso wie in den Gästenbädern von bis zu 4700 Leuchtdioden gleichmäßig illuminiert. Je nach Lust und Laune des Eigners lassen sich die Farben und die Intensität anpassen. Wer im Innern der CNB 100 nach Handläufen oder Schlingerleisten sucht, greift ins Leere. Doch eine smarte Lösung schafft Abhilfe. Vor längeren Fahrten unter Segeln installiert die Crew mit wenigen Handgriffen ein robustes Edelstahl-Seegeländer in der Mitte des Salons. Auch an Deck regiert Minimalismus. Die cleane Teakfläche verwöhnt das Auge, die leuchtend weißen Sitzpolster im Gäste-Cockpit bilden einen berauschenden Kontrast zum schwarzen Glas des Multiknick-Aufbaus. Das hohe, bis zu den Steuerständen nach achtern laufende Glassüll vermittelt Gästen im Cockit auch bei hohem Seegang stets ein sicheres Gefühl. Um das Gewicht des Glashauses konsequent zu kompensieren, entschied sich der Eigner für Stehendes Gut aus PBO. Mast und Park-Avenue-Baum fertigte Hall Spars aus Kohlefasern, die 3DL-Karbon-Segel lieferte North Sails. Die Relingsstützen und der Bugkorb sind aus Titanium. Der Steuerstand zeigt sich wie die gesamte Yacht aufgeräumt. Auf sperrige Bedienkonsolen, wie sie auf Yachten dieser Größe üblich sind, verzichtete der Designer. Die Steuersäule im typischen Brenta-Design bieten dem Kapitän nur wenige Knöpfe zum Setzen und Trimmen der diversen Segel und zum Bedienen des Bugstrahlruders. Das CNB mit *Chrisco* eine extravagante Slup gelungen ist, beweisen nicht nur die zahlreichen bewundernden Blicke, auf die der Eigner auch in vielen Jahren noch zählen kann.

Länge	30,48 m
Breite	7,76 m
Tiefgang	4,00 m
Verdrängung	73 t
Material	Karbon, Balsa, Vinylester-Komposit
Takelung	Slup
Segelfläche	474 qm
Rumpfgeschwindigkeit	12,58 kn
Stehendes Gut	Future Fibres
Mast + Baum	Hall Spars
Segel	North Sails 3DL
Motor	Cummins, 260 kW
Glas	Tilse
Konstruktion	Luca Brenta
Interieur-Design	Wetzels Brown Partners
Klasse	Bureau Veritas
Werft	CNB, 2009

NILAYA

DIE RUHE IM STURM

Schnell. Leicht. Leise. Baltic Yachts laminierte die 34 Meter lange *Nilaya* aus Prepreg-Karbon für lange Reisen und große Regatten. Kork macht aus dem Performance-Cruiser eine Flüster-Yacht.

Fotografie: Guido Cantini

HARKEN

Nilaya **in Fahrt:** Die 34-Meter-Slup kreuzt mit 560 Quadratmetern 3DL-Laminat. Raumschots setzt die Crew einen 950 Quadratmeter großen Gennaker. Neun Hydraulik-Winschen holen Fallen und Schoten dicht.

Raumschots unterwegs: Mit einer Verdrängung von nur 87 Tonnen mag die Baltic-Slup auch leichte Brisen. Das Deckslayout gestalteten die Designer funktional und doch racing-orientiert. Hinter dem zweiten Niedergang arbeitet der Steuermann.

Hübscher Anblick: Die schnellen Linien der 7,52 Meter breiten *Nilaya* zeichnete das amerikanische Büro Reichel Pugh für einen Eigner, der lange Reisen plant und an Superyacht-Regatten teilnimmt.

Aus- und Einsichten: Die großen Deckshaus-Fenster lassen das Ex- und Interieur miteinander verschwimmen und sorgen am Tage für eine lichte Atmosphäre. Dank der erhöhten Sitzmöbel im Salon haben die die Gäste einen freien Blick auf den Horizont.

Vesteckte Kühlung: Für die langen Reisen in denTropen wünschte sich der Eigner zusätzliche Tiefkühlfächer unter den Salon-Sitzbänken. Viel Holz und helle Polster sorgen für eine warme Atmosphäre.

Der Eigner hatte klare Vorstellungen. In erster Linie sollte seine neue Yacht superleise sein. In jeder Hinsicht. Doch natürlich auch auf Regattabahnen eine gute Figur machen – und das keinesfalls zweitrangig.

Die Leichtbauprofis der Werft Baltic Yachts lieferten mit der 34,14 Meter langen *Nilaya* eine Slup genau nach seinem Geschmack. 3,8 Tonnen Geräuschdämmung sind in *Nilaya* verbaut. Und das bei einer Verdrängung von nur 87 Tonnen. Für alle möglichen Lärmerzeuger an Bord fanden die Finnen smarte Vorrichtungen. In der Galley ließen die Werft-Schreiner ihrer Kreativität besonders freien Lauf und leimten passgenaue Staumöglichkeiten für jeden Topf und zahlreiche Pfannen.

Doch trotz der üppig dimensionierten Schalldämmung aus Kork ist *Nilaya*, wie für Baltic seit Jahren typisch, ein Ultra-Leichtbau. Rumpf und Deck laminierte die Werft nach den Plänen des Yachtdesign-Büros Reichel Pugh aus Prepreg-Kohlefasern auf einem Corecell-Schaumkern.

Bei der anspruchsvollen Berechnung der auf die verschiedenen Bauteile wirkenden Kräfte und die Dimensionierung der Laminate vertrauen die Finnen auf die Komposit- und Struktur-Profis von Gurit Technologies.

Das Interieur – so solide es auch wirken mag – ist ebenfalls federleicht. Wo nicht tragende Elemente zum Einsatz kommen, verkleidet Mahagoni-Furnier elegant und unauffällig Aramid-Waben. In den Bädern klebten die Steinspezialisten 1,5 Millimeter dicke Marmorplatten auf federleichtes Honeycomb-Material und sparten so zahlreiche Kilo.

Die konsequente Grammfuchserei zahlt sich aus, besonders auf Regattabahnen. Baltic-Formate wie die 45 Meter lange und nur 113,7 Tonnen schwere *Visione* von Hasso Plattner beweisen das seit Jahren eindrucksvoll. Auch der regattaerfahrene *Nilaya*-Eigner orderte einen sportlichen Cruiser mit der Performance eines Maxi-Racers. Dafür ist Baltic weltbekannt. Passend zu den geplanten Cruising-Revieren Karibik und Pazifik wandelten die Interieur-Designer jeden verfügbaren Raum in Kühlfächer um. So befinden sich unter den Sitzbänken im Salon mehrere Kühl- und Staufächer für je 200 Weiß- und Rotweinflaschen, selbstverständlich klappersicher.

Das Interieur-Layout und -Design stammt wie auch das Exterieur-Styling von Nauta Yachts aus Mailand. Mahagoni dominiert die gesamte Einrichtung, weiße Decken- und Wandpaneele sowie helle Polster sorgen für eine wohlig warme Atmosphäre und ein lichtes Raumgefühl. Das Layout entwickelten die Italiener für eine fünfköpfige Mannschaft und für bis zu acht Gäste. Ganz vorne im Bug liegt die geräumige Eigner-Suite, dahinter angrenzend befinden sich zwei Gäste-Doppelkabinen und der über drei Stufen erreichbare Deckssalon mit Sitzecke an Steuerbord und Speisetisch backbords.

Richtung Heck schließt sich eine dritte Gäste-Doppelkabine an, die während langer Überfahrten oder bei rauer See als Eignersuite dient. Dort sind die Schiffsbewegungen nicht so extrem wie vorne im Bug; gegenüber wohnt der Kapitän. Unter dem Salon befindet sich der kompakte Motorenraum, in dem ein 265-Kilowatt-Cummins-Diesel als Flautenschieber dient und zwei Kohler-Generatoren den benötigten Bordstrom erzeugen. Achtern schließt sich der Crew-Bereich mit Galley backbords und Messe steuerbords an. Der ganz achtern gelegene zweite Niedergang dient der Mannschaft als Zugang ins Arbeitscockpit und sorgt für eine klare Trennung des Gäste- und Crew-Bereiches.

Kunst zum Träumen: Der Eigner wünschte sich seinen Privatbereich vorne im Bug. Ein Regattaschoner von Steven Dews krönt sein Kingsize-Bett. Die Galley liegt im Heck.

Das Deckslayout gestaltete das Nauta-Team funktional und doch racing-orientiert. Ein anspruchsvoller Auftrag: Die das Deck schmückenden Harken-Winschen zeugen ebenso wie der Mast und Baum aus High Modulus-Karbon und die PBO-Kabel von den ernsten Regatta-Ambitionen des Eigners. Der umfangreiche 3DL-Segelsatz inklusive 587 Quadratmeter großem Cuben Fiber-Code 0 und 950-Quadratmeter-Gennaker vervollständigt zusammen mit dem abnehmbaren Bugspriet das sportliche Gesamtpaket.
Eine technische Herausforderung war auch die Ruderanlage mit JP3-Lagern und dem schmalen und 3,30 Meter langen Ruderblatt aus Prepreg-Karbon. Da sich der Eigner eine besonders feinfühlige Steuerung wünschte, brüteten die Werft-Ingenieure mehrere Wochen über komplexen Berechnungen der theoretischen Ruderlasten und erarbeiteten in mühevollen Entwicklungsschritten die optimale Ruderblatt-Geometrie. Das Resultat: *Nilaya* segelt sich superleicht und direkt. Wie eine deutlich kleinere Yacht. Im Flüstermodus.

Länge	34,14 m
Breite	7,52 m
Tiefgang	3,50/5,50 m
Verdrängung	87 t
Material	Prepreg-Karbon
Takelung	Slup
Masthöhe (über Deck)	43,40 m
Segelfläche	560 qm
Rumpfgeschwindigkeit	13,5 kn
Stehendes Gut	Future Fibres
Mast + Baum	Hall Spars
Segel	North Sails 3DL
Motor	Cummins, 265 kW
Konstruktion	Reichel Pugh
Interieur-Design	Nauta Yachts
Werft	Baltic Yachts, 2010

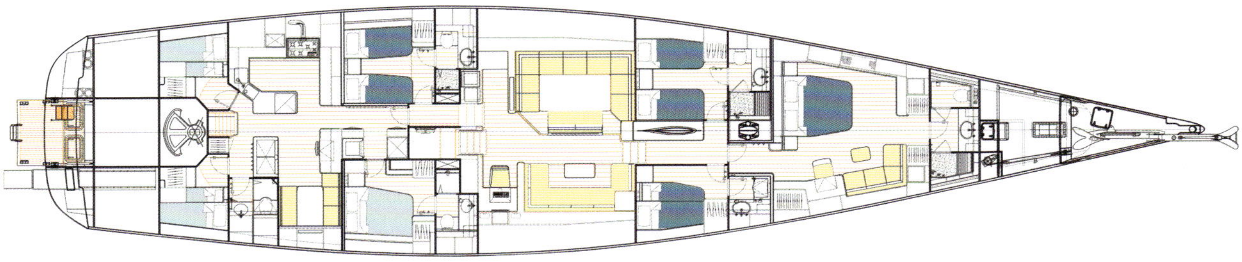

EIN MAST IST GENUG

Die traditionelle Ketsch-Takelung von Perini Navi war dem Eigner nicht übersichtlich genug. Darum setzt er jetzt 2900 Quadratmeter am mit 75 Metern höchsten Alu-Mast der Welt.

Fotografie: Giuliano Sargentini, Emilio Bianchi, Carlo Borlenghi

Salute

Salute **auf Halbwindkurs:** Das Ron Holland-Design bietet dank der Slup-Lösung deutlich mehr Platz auf der Flybridge als ihre Ketsch-Schwestern. Die Passarelle auf der Mittschiffslinie erleichtert den Zugang.

Liegewiese: Achtern des massiven Großschotbügels lässt es sich auf großzügigen Polster-Liegewiesen hervorragend sonnen und relaxen, während 15 Meter weiter vorn der Kapitän unter dem Bimini die Segel trimmt und den Kurs auf Monitoren überwacht.

Sechs Salinge: Den höchsten Mast aus Alu weltweit entwickelte Perini Navis eigene Mast Division. Der Germanische Lloyd gab ihm den Segen. Ein 23 Meter langer Kohlefaserbaum rollt 760 Quadratmeter Großsegel ein.

Freiluftsalon: Die 60 Quadratmeter große Lounge vor dem Ruderhaus hatte der Eigner bei einer Chartertour mit *Liberty* (heute *Galaxia*) kennengelernt. Versenkbare Windschutzscheiben und ein Sonnensegel bieten Schutz.

Schon in einer frühen Phase des Projekts war klar, dass *Salute* nicht wie ihre neun 56-Meter-Schwestern mit der von Perini Navi-Formaten bekannten und bewährten Ketsch-Takelung ablegen würde. Die Meinung des Eigners zum Zweimast-Setup konnte nicht klarer sein: »A ketch is for old men.« Stattdessen wünschte sich der Eigner, der zuvor eine 36 Meter lange Motoryacht von Heesen fuhr, eine Slup mit Geschwindigkeitspotenzial.

Um den 510 Tonnen schweren Alu-Rumpf des Flybridge-Cruisers mit angemessener Segelfläche antreiben zu können, entwickelte die Perini Navi-Mast Division in mehrjähriger Arbeit den höchsten Alu-Mast der Welt. Mit einer Länge von 75 Metern ist das in Viareggio installierte Rohr, das auf Am-Wind-Kursen bis zu 2910 Quadratmeter North Sails-Tuch trägt, einer der höchsten Masten der Welt. Mittels moderner Finite-Elemente-Programme, mit denen sich die Statik und Festigkeit von jeglichen Bauteilen berechnen lässt, realisierte die Mast-Abteilung unter Leitung von Luca Sandrelli nicht nur den Bau des höchsten Alu-Mastes der Welt, sondern auch eine Gewichtseinsparung im Rigg von bemerkenswerten 20 Prozent. Mit allen Rod-Stagen, Wanten und den sechs Kohlefaser-Salingen wiegt der *Salute*-Mast sage und schreibe nur 25 Tonnen. Diese Einsparung ist ein großer Erfolg, spielt doch das Rigg-Gewicht eine entscheidende Rolle, wenn es um die Gesamt-Performance einer Yacht geht. Naval Architects wissen: Jedes gesparte Gramm im Rigg reduziert auch das Kielgewicht.

Durch den veränderten, höheren Lateraldruckpunkt des Segels mussten die Perini Navi-Ingenieure in Zusammenarbeit mit dem Yachtkonsrukteur Ron Holland die Anhänge der 56-Meter-Slup überarbeiten. Für das aufrichtende Moment sorgt ein hydraulischer Faltkiel, der per Knopfdruck den Tiefgang von 9,83 auf 4,05 Meter reduziert.

Dass die Kräfte in solch einem Rigg gewaltig sind, bestätigt schon ein Blick auf die Schoten des Riesen-Seglers. Die Genuaschot misst im Durchmesser 32 Millimeter, besitzt eine Bruchlast von 25 Tonnen und trimmt die 732 Quadratmeter große Genua über je eine kaptive Winsch back- und steuerbords. Die unter Last mächtig quietschende Großschot steht dem in nichts nach; die 28 Millimeter dicke Dyneema-Schot holt oder fiert das 760-Quadratmeter-Großsegel ebenfalls über zwei Reelwinschen und verträgt Lasten von bis zu 20 Tonnen. Die größten Kräfte muss die bordeigene Hydraulik allerdings für das Setzen des Großsegels aufbringen. Um das robuste Spectra-Groß in den Masttopp zu heissen, entwickelten die Perini Navi-Ingenieure eine neue Giga-Winsch, die zwei Antriebs- und eine Stautrommel besitzt. Startet der Kapitän per Knopfdruck die kräftige Winsch zum Segelsetzen, befindet sich das Kopfbrett in weniger als drei Minuten in 72 Metern Höhe in gewünschter Position. Das Großfall hat mit 36 Millimetern den Durchmesser einer mittleren Herrenuhr und verträgt eine Maximallast von 20 Tonnen, was dem Gewicht von sechs ausgewachsenen Elefanten entspricht. Auch die drei Vorsegel-Furler für Reacher, Genua und die Fock entwickelte die Werft, wie seit Jahren üblich, im eigenen Hause.

Das Interieur stylte der Pariser Designer Rémi Tessier, der gerade von vielen Eignern beauftragt wird. Er schuf ein modernes, lichtes Interieur mit japanischen Anklängen, wie man es von kaum einem Perini-Format kennt. Klare Linien, helle Stoffe

Interieur à la Japon: Der Pariser Designer Rémi Tessier arbeitete nicht zum ersten Mal mit Perini Navi zusammen. Er entwarf eine lichte und sehr übersichtliche Einrichtung mit asiatischen Akzenten.

Spiegelungen: In der Eignersuite vergrößern Türen optisch die Räume. Im Eignerbad schaffen Spiegel in Kombination mit vielen Lichtquellen ein kaleidoskopisches Ambiente.

und kontrastreiche Hölzer wie Bergahorn, Ebenholz und gebleichtes Teak dominieren die Räume. Das Layout bietet viel Platz für das noch junge Eignerpaar und seine Kinder, ebenso wie für maximal zwölf Chartergäste. Die über die gesamte Breite reichende Eignersuite liegt direkt vor dem großzügigen Motorenraum, in dem zwei MTU-Diesel und drei kräftige Northern Lights-Generatoren ihren Dienst verrichten. Da *Salute* auch auf Charterreisen gehen wird, fällt der Crew-Bereich im Vorschiff mit vier Doppelkabinen groß aus. Der Erste Ingenieur wohnt separat in einer Doppelkabine hinter dem Maschinenkontrollraum und der Lazarette, die ebenfalls durch ein Seitenluk zugänglich ist.
Während das Unterdeck als Schlafplatz und die Flybridge hauptsächlich als Sonnendeck dient, führt das Hauptdeck mit den zwei großen Cockpits vor und hinter dem Deckshaus Eigner und Gäste zusammen. Bei schlechtem Wetter lädt die L-förmige Sofaecke im eleganten Salon ein. Bei gutem Wetter hingegen gibt es keinen besseren Platz als die große Flybridge, von der aus man eine grandiose Weitsicht genießt.

Länge	55,90 m
Breite	11,51 m
Tiefgang	4,05/9,83 m
Verdrängung	535 t
Material	Aluminium
Takelung	Slup
Masthöhe (über Deck)	72,00 m
Segelfläche	2910 qm
Rumpfgeschwindigkeit	16,6 kn
Mast + Baum	Perini Navi, Southern Spars
Segel	North Sails
Motor	MTU, 2 x 720 kW
Konstruktion	Ron Holland, Perini Navi
Exterior-Styling	Perini Navi
Interieur-Design	Rémi Tessier
Klasse	ABS, MCA
Werft	Perini Navi, 2008

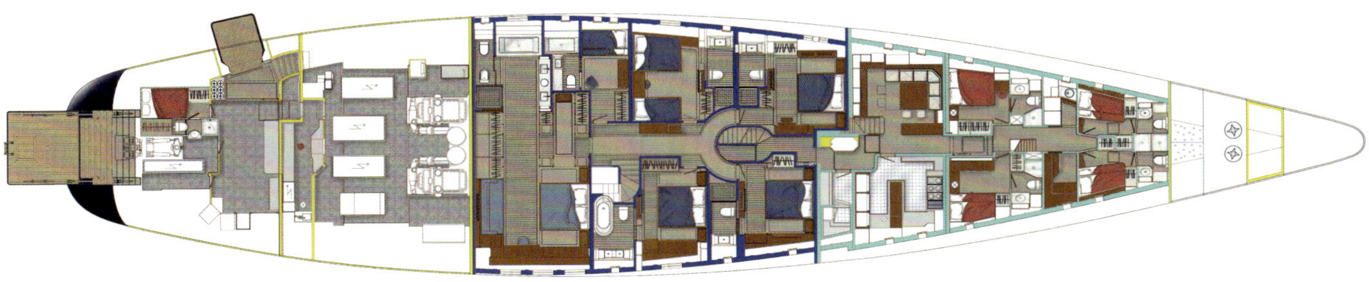

SAUDADE

EINE WAHRE WONNE

Die bis heute größte Wally ist 45 Meter lang und nur 155 Tonnen schwer. Bill Tripp zeichnete *Saudade* für einen Eigner, der bei Regatten vorne mitmischt und im Cruising-Modus die Welt entdeckt.

Fotografie: Carlo Borlenghi, Toni Meneguzzo

SAUDADE
VALLETTA

Vergnügen ohne Decks-Crew: Dank hydraulischer Winschen, die sich vom Steuerstand aus bedienen lassen, segelt der Eigner seine *Saudade* auch allein. Deckshaus und Bimini sind für eine Wally ungewöhnlich.

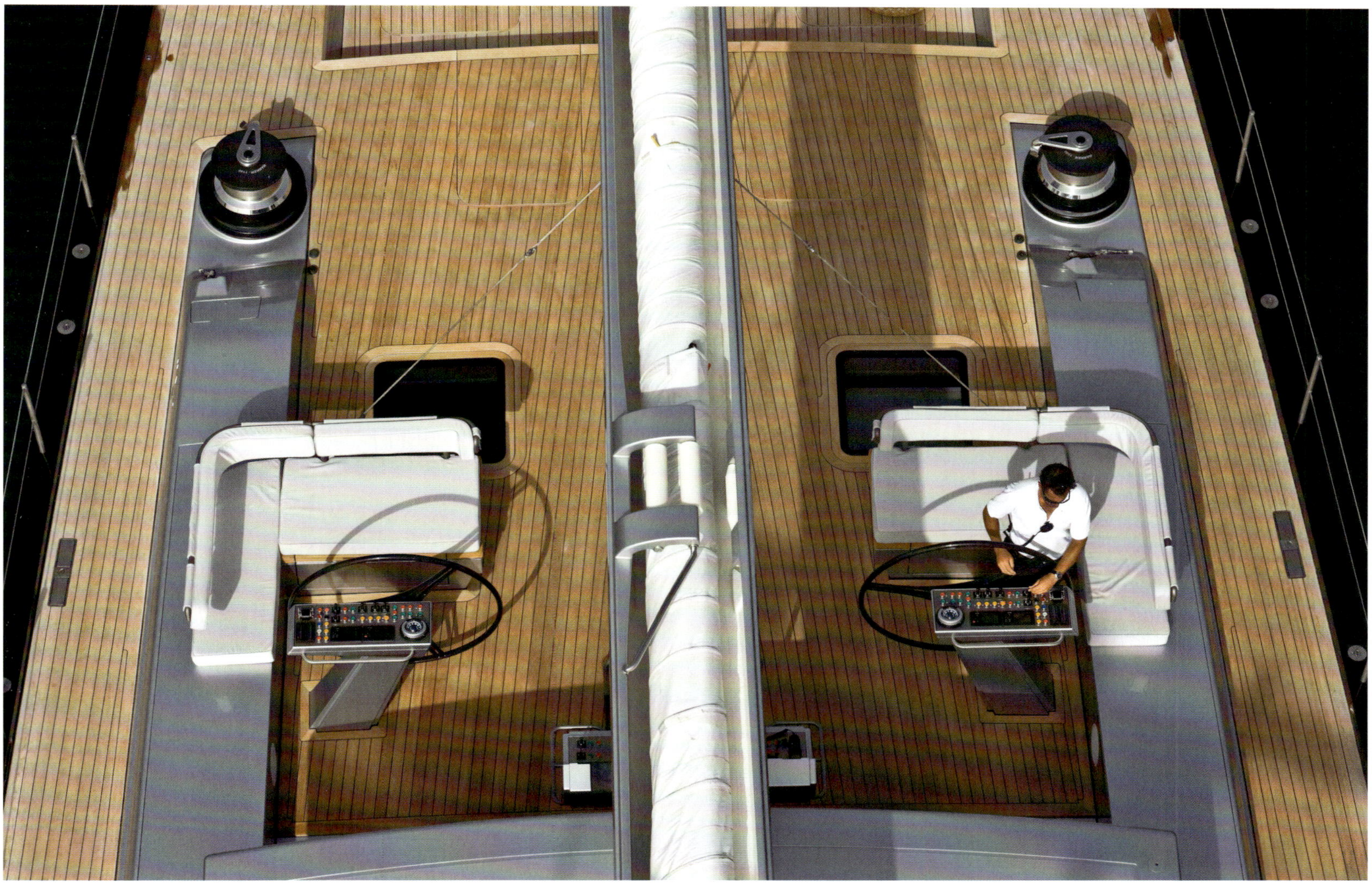

Blick aus der Vogelperspektive: Die achterlichen Winschen nehmen die Schoten des 1385 Quadratmeter großen Gennakers auf. Die mit Knöpfen und Joysticks vollgestopften Steuerstände machen das Einhand-Segeln der 45-Meter-Slup möglich.

Im Regatta-Modus: *Saudade* pflügt mit 836 Quadratmetern Segelfläche und auf Amwind-Kurs durch das Mittelmeer. Das cleane und superaufgeräumte Deck gilt als Wally-Markenzeichen.

Typisch Wally: Aus der Mastperspektive bietet sich ein fantastischer Blick auf das aufgeräumte Deck der 45-Meter-Slup. Stark nach achtern gepfeilte Salinge am Kohlefaser-Mast machen störende Backstagen überflüssig.

Farbakzente im Deckshaus: Türkis bringt den mediterranen maritimen Touch. Die weiße Sitzecke steht auf Eichenholz und einem Seegrasteppich, steuerbords ruht der Esstisch auf Bodenbrettern aus Wengé.

Sie ist die größte Wally der Welt. Noch. Schon bald schwimmt eine um fünf Meter längere Wally, die allerdings mit dem klaren Fokus auf Cruising entworfen wurde – eine Flybridge ist der beste Beweis.

Saudade hingegen ist eine für den Einsatz auf Regattabahnen optimierte Performance-Maschine, die mit einem vollständigen und äußerst komfortablen Interieur auch für lange Weltreisen geeignet ist. Ein gelungener Zwitter mit typischer Wally-DNA. Der Eigner hatte dank 40 Jahren Segelerfahrung sehr präzise Vorstellungen von seinem Neubau. Er wünschte sich eine Yacht mit Deckshaus, das jedoch keinesfalls die atemberaubenden Rumpflinien aus dem Rechner von Bill Tripp dominant erschlagen sollte. Und er setzte gesteigerten Wert auf ein festes Bimini, das das komplette Gästecockpit überspannen sollte und sich in das moderne und Wally-cleane Exterieur-Styling unauffällig integriert. Viele Wünsche auf einmal. Auch für die Exterieur-Stylisten von Eidsgaard Design eine knifflige Aufgabe, die beeindruckend gelöst wurde. Das Bimini lässt sich auf Wunsch sogar – wenn auch nicht besonders schnell – entfernen. Dank eines glückliches Zufalls konnte der Bau der 45-Meter-Slup zügig beginnen. Auf der Wally-Werft in Fano stand die in der Größe passende Negativform der extravaganten *Esense* zur Verfügung, in der dank geringer Modifikationen auch der *Saudade*-Rumpf aus Kohlefasern laminiert werden konnte. Ein Zufall, der viel Zeit sparte.

Mittlerweile zeigte *Saudade* auf zahlreichen Großyacht-Regatten, welch überragendes Speedpotenzial bei optimalen Bedingungen aus ihr herauszukitzeln ist. Die nur 155 Tonnen verdrängende Slup kommt ab 18 Knoten sogar ins Surfen. Dann verlangen die 853 Quadratmeter North-Segelfläche am Wind und ein Gennaker von 1385 Quadratmetern allerdings eine aufmerksame Bedienung. Ein Fakt, den die bekannte Werft – wie bei all ihren Fomaten – durch die weitgehende Automatisierung des Segeltrimms sicherstellte. So rollt das Großsegel in den Kohlefaser-Großbaum von Hall Spars, die Vorsegel werden von in das Deck integrierten hydraulischen Furlern bedient. Schoten und Strecker werden von Knöpfen und Reglern auf einem großen Kommandopult gesteuert, das von den Steuerrädern in Armesweite erreichbar und auf der Mittschiffslinie positioniert ist.

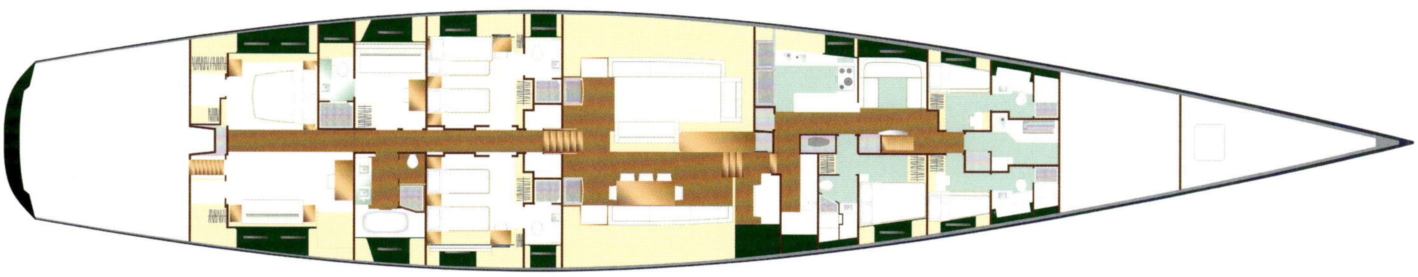

Eigner-Reich: Die Eidsgaard-Designer aus London schufen ein modern minimalistisches Interieur, das dank weiser Materialwahl dennoch warm und einladend wirkt.

Dank der stark gepfeilten Salinge konnte auf Backstagen verzichtet werden, was das Handling der Segel insbesondere bei Halsen und Wenden enorm vereinfacht. Bill Tripp rüstete die 8,57 Meter breite *Saudade* mit einem Hochleistungskielprofil mit angehängter Bombe aus. Dank hydraulischem Lift-Mechanismus reduziert sich der Tiefgang auf Knopfdruck von 6,40 auf 4,20 Meter. So kommt die Riesen-Wally auch in kleine Marinas. An Deck der klassische Wally-Faktor: Nahezu völlig frei scheinen die Teakplanken vom Steven bis zum Spiegel zu fließen. Stauraum für die Tender und die umfangreiche Segelgarderobe findet sich unter bündig in das Deck eingelassenen Lukendeckeln auf dem Vorschiff und im Heck.
Auch beim ebenfalls von Eidsgaard Design entworfenen Interieur setzt *Saudade* Maßstäbe. Das Layout teilt sich in den für eine fünfköpfige Stamm-Mannschaft gestalteten Crew-Bereich im Bug, den Salon mit Speisetisch für zehn Gäste und die zwei dahinter liegenden Gästekabinen. Ganz achtern schließt sich die über die gesamte Breite reichende Eignersuite an. Zu ihr gehört ein Owners Office steuerbords, das sich mit wenigen Handgriffen als Gästekammer umgestalten lässt. Wie nicht anders zu erwarten, dominiert auch unter Deck Wally-typischer Minimalismus. Hell, großzügig und funktionell bis hin zu den Karbon-Toiletten im Philippe-Starck-Design.
Für die Böden wählte der Eigner dunkles Wengéholz, belegt mit schilfgrauen Seegrasteppichen. Die Wandpaneele schreinerte die italienische Werft aus weiß oder klar lackierter Eiche, türkisfarbene Kissen im Salon setzen Farbakzente. Aus dem Salon genießen Gäste einen 360-Grad-Panoramablick auf das Meer. In warmen Gefilden zählt das vom soliden Karbon-Bimini hervorragend geschützte Gästecockpit zu den bevorzugten Aufenthaltsorten an Bord. Hier lässt es sich entspannen.

Der schönste Ort an Bord befindet sich jedoch hinter den Steuerrädern aus Karbon. Von hier aus lässt sich die Power des segelnden Wally-Flaggschiffes direkt spüren, der Trimm der Segel kontrollieren und die Regatta-Konkurrenz hervorragend in Schach halten. Natürlich kreuzt der 45-Meter-Segler auf langen Cruising-Schlägen auch mal mit Autopilot. Doch eigentlich ist *Saudade* dafür viel zu schade.

Länge	45,19 m
Breite	8,57 m
Tiefgang	4,20/6,40 m
Verdrängung	155 t
Material	Kohlefaser
Takelung	Slup
Masthöhe	59,50 m
Segelfläche	853 qm
Stehendes Gut	PBO
Mast + Baum	Hall Spars
Segel	North Sails, 3DL
Motor	Caterpillar, 447 kW
Konstruktion	Tripp Design
Exterior-Styling	Wally/Eidsgaard Design
Interieur-Design	Eidsgaard Design
Klasse	RINA, +100 A1
Werft	Wally, 2008

Angriffslustig: Die grell leuchtenden Monitore auf dem mittig zwischen den Steuerständen positionierten Kontrollpult erinnern in der Abenddämmerung an die Augen einer Raubkatze auf Beutezug.

LÄNGE LÄUFT

Royal Huisman baute für Netscape-Gründer und Valleyboy Jim Clark die zweitgrößte Segelyacht der Welt. Seit 2004 segelt *Athena*. Ein Schoner, der für Aufsehen sorgt.

Fotografie: Franco Pace

Koloss unter Vollzeug: Dank ihrer Schwimmwasserlinie von über 60 Metern läuft *Athena* bereits bei moderater Brise 16 Knoten am Wind. 2623 Quadratmeter Tuch schieben 982 Tonnen scheinbar mühelos durch das Wasser.

Mächtige Erscheinung: Trotz ihres hohen Aufbaus, der dem Eigner viel umbauten Raum bringt, zeigt sich *Athena* als echte Segelyacht, die den Wind liebt. Wann immer es möglich ist, lässt der Eigner die Segel des 90-Meter-Formates setzen.

Kunsthandwerk: Das Deckshaus tischlerten die detailverliebten Royal Huisman-Arbeiter nach Plänen des Designers Pieter Beeldsnijder. Dass *Athena* eine richtige Segelyacht ist, belegen die allgegenwärtigen Handläufe an Deck.

ATHENA

Kommandozentrale: Auf der eindrucksvoll großen Brücke laufen alle Navigations-, Kommunikations-, Wetter- und Maschineninformationen zusammen und können jederzeit auf einem der sieben Monitore kontrolliert werden.

Maritimer Touch: Für sämtliche Textilien und Polster an Bord zeichnet Rebecca Bradley als persönlicher Interior Decorator verantwortlich. Sie stattete bereits andere Objekte des Eigners aus.

Auch wenn die unglaublichen Maße der ohne Bugspriet 79,25 Meter langen *Athena* und ihr kühner und voluminöser Aufbau es nicht vermuten lassen: Eigner Jim Clark liebt es, zu segeln. Er ist süchtig nach dem berauschenden Gefühl, sich ausschließlich vom Wind bewegen zu lassen. Sein von der holländischen Werft Royal Huisman geschweißter Dreimastschoner bietet ihm die optimalen Voraussetzungen dafür. Yachtkonstrukteur Pieter Beeldsnijder zeichnete einen flachen Bleistiftrumpf mit Klippersteven, rundem Yachtheck und einem imposant hervorstechenden 13,97 Meter langen Bugspriet. An den drei 60 Meter hohen Masten setzt die Crew neun Segel zwischen 114 und 552 Quadratmetern, insgesamt 2623 Quadratmeter Tuch.

Bei einer solch großen Unterteilung der Segelfläche muss das Segelsetzen gut geplant sein. In den ersten Monaten nach Ablieferung dauerte das aufwendige Manöver eine knappe Stunde. Das erfordert reichlich Raum. Zwei MTU-Diesel sorgen mit ihren je 1492 Kilowatt Leistung dabei für die nötige Agilität des 982 Tonnen verdrängenden Alu-Seglers, der dank langer Wasserlinie mit unendlich langen Stampfperioden cruist. Legt der Kapitän die Hebel auf den Tisch, demonstriert *Athena* mit 19 Knoten schnell ihre Rumpfgeschwindigkeit.

Ist genug Raum nach Lee vorhanden, startet das völlig unaufgeregte Segelsetzen von Groß- und Schonersegel: Furler rollen sie aus, und Winschen ziehen sie in die Keep. Noch einfacher gestaltet sich das Ausrollen von Stagfock, Klüver und Außenklüver. Öldruckgesteuerte und von Rondal als Custom-Projekte entwickelte Furler machen eine einfache Push-Button-Bedienung möglich. Wie auf der Yacht eines Software-Entwicklers nicht anders zu erwarten, nimmt Bordelektronik an Bord eine wichtige Rolle ein. Im Steuerhaus stehen dem Kapitän sieben Bildschirme zur Verfügung, von denen er alle benötigten Daten, einzeln oder vernetzt, abrufen und steuern kann. Je nach Situation sind Parameter der Antriebsaggregate wie Abgas- und Kühlwassertemperatur oder Wellendrehzahlen relevant. Sollten die Informationen vom Sollwert abweichen, ertönt ein Warnsignal und der Erste Ingenieur oder Kapitän geht ins Detail: Stimmen die Abgastemperaturen der einzelnen Zylinder, die Abgasgegendrücke? Per Touchscreen lassen sich Details blitzschnell kontrollieren – und beheben.

Athena ist das Musterbeispiel einer Generatoryacht. Ohne den von dieselgetriebenen Aggregaten produzierten Strom geht an Bord – selbst unter voller Besegelung – gar nichts. Die leistungsstarke Segelhydraulik, Klimaanlage, Weinkeller und der für alle elektronischen Systeme benötigte Server-Raum hängen an den drei je 340 Kilowatt leistenden Caterpillar-Generatoren. Die Überwachung der komplexen Segelsysteme funktioniert ebenfalls über das elektronische Kontroll-System. Auf einem als Segel-Screen eingerichteten Monitor lassen sich dann die Winkel von Baum und Gaffel zur Mittschiffslinie, der Twist in den Segeln, Winddruck, Lasten in Schoten und Stehendem Gut und die Abdrift in Abhängigkeit von der Krängung und dem Ruderwinkel kontrollieren. Sind alle Segel gesetzt, zeigt eine Grafik die Höhe am Wind und Hunderte andere Informationen.

Athena ist – die Exterieur-Linien lassen es vermuten – keine Performance-Yacht und wird schon aufgrund Ihrer Verdrängung von knapp 1000 Tonnen niemals Geschwindigkeitsrekorde aufstellen. Dennoch, das Geschwindigkeitspotenzial

Eigner-Bibliothek: Die Werft stattete die ganz achtern gelegene Mastersuite mit einem Ruhe verströmenden Lese-Bereich steuerbords und dem Bett backbords aus.

des Dreimasters ist bemerkenswert. Hier passt die altbekannte Schiffbauer-Regel: Allein Länge zählt, denn Länge läuft. Passen Wind und Welle zusammen, soll das Log auch schon mehr als 20 Knoten Speed angezeigt haben. Höhe kneifen gehört nicht zu den Spezialitäten des eleganten Schoners. Mehr als 55 Grad zum Wahren Wind sind nicht drin, ein herrlicher Halbwindkurs. Und packen Eigner Jim Clark doch einmal das Racing-Fieber und der Wunsch, sich mit anderen Yachten auf dem Regattafeld zu messen, steigt er auf seine 2009 gelaunchte 42 Meter lange J-Class-Yacht *Hanuman* um, die ebenfalls bei Royal Huisman in Vollenhove entstand.

Neben der schieren Größe von *Athena*, den riesigen freien Decksflächen und dem fast monströsen Interieur-Volumen, beeindruckt auf dem Schoner besonders die handwerkliche Qualität. Das Markenzeichen der holländischen Werft. Designer Pieter Beeldsnijder schuf ein prachtvolles Mahagoni-Interieur, das dem Aussehen einer Yacht der 1930er-Jahre entspricht und seit wenigen Jahren auch von Chartergästen entdeckt werden kann. Mit Sicherheit ein unvergessliches Erlebnis.

Länge	90,00 m
Breite	12,20 m
Tiefgang	5,50 m
Verdrängung	982 t
Material	Aluminium
Takelung	Dreimast-Schoner
Masthöhe (über Wasser)	60,00 m
Segelfläche	2623 qm
Rumpfgeschwindigkeit	19 kn
Stehendes Gut	Rod-Kabel
Mast + Baum	Rondal
Segel	North Sails
Motor	Caterpillar, 2 x 1492 kW
Konstruktion	Dykstra & Partners, Pieter Beeldsnijder
Design	Pieter Beeldsnijder
Klasse	MCA, Lloyd's, SOLAS
Werft	Royal Huisman, 2004

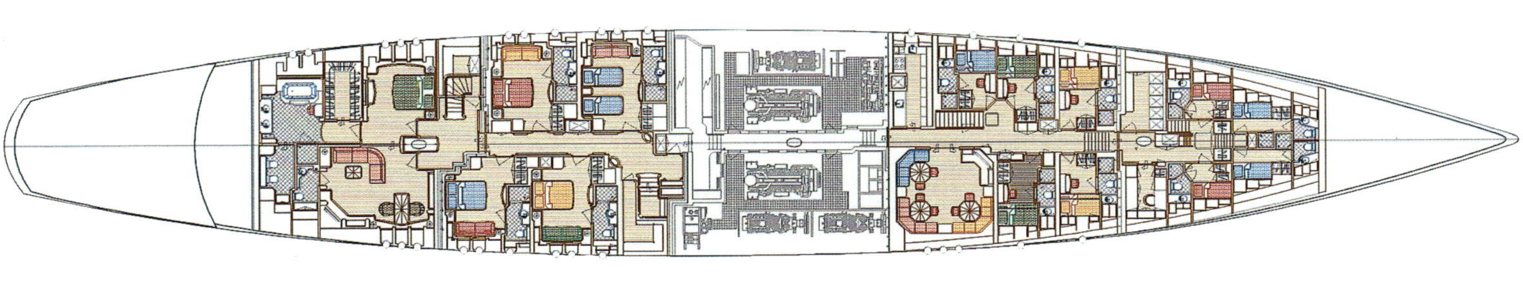

DIE TOP 200 SEGELYACHTEN

1. EOS	2006, Lürssen, Bremen, D	Bill Langan/Francois Catroux	**92,92 M**
2. ATHENA	2004, Royal Huisman,Vollenhove, NL	Gerard Dykstra/Pieter Beeldsnijder	**90,00 M**
3. MALTESE FALCON	2006, Perini Navi, Istanbul, TR	Gerard Dykstra/Ken Freivokh	**88,00 M**
4. MIRABELLA V	2004, Vosper Thornycraft, Southampton, GB	R. Holland/T.J. Canavaggio, L. Vittoria	**75,20 M**
5. PHOCEA	1976, DCAN, Toulon, F	M. Bigoin/J. Beiderbeck, T. Heywood	**75,13 M**
6. ATLANTIC	2010, Van der Graaf/Graafship, Dordrecht, NL	William Gardner, Doug Peterson	**69,24 M**
7. VERTIGO	2011, Alloy Yachts, Henderson, NZ	Philippe Briand/Christian Liaigre	**67,20 M**
8. HETAIROS	2011, Baltic Yachts, Pietarsaari, FIN	Dykstra, Reichel Pugh/Rhoades Young	**66,70 M**
9. AGLAIA	2011, Vitters, Zwartsluis, NL	Ed Dubois/Redman Whiteley Dixon	**66,00 M**
10. CREOLE	1927, Camper & Nicholsons, Gosport, GB	C. E. Nicholson/Giorgetti & Magrini	**65,30 M**
11. ADIX	1984, Astilleros de Mallorca, Palma, E	A.Holgate, G. Dykstra/J. Munford	**64,86 M**
12. FELICITA WEST	2003, Perini Navi, Viareggio, I	Ron Holland/Nuvolari-Lenard	**64,00 M**
13. ATHOS	2010, Holland Jachtbouw, Zaandam, NL	Hoek Design	**62,00 M**
14. BABOON	1990, FEAB, Marstrand, S	Lars Johansson	**62,00 M**
15. ZINAT AL-BIHAAR	1988, Oman Royal Yacht Squadron, P. Qaboos, OM	Colin Mudie/Three Quays Marine	**61,00 M**
16. GERMANIA NOVA	2011, Factoria Naval Marin, Marin, E	Max Oertz (1908)/Oliver Design	**59,60 M**
17. ISLANDER	1991, Australian Yachtbuilders, Brisbane, AUS	Laurent Giles/Glade Johnson	**58,50 M**
18. KOKOMO	2010, Alloy Yachts, Henderson, NZ	Ed Dubois/Redman Whiteley Dixon	**58,40 M**
19. TAOUEY	1994, Perini Navi, Viareggio, I	Perini Navi	**58,10 M**
20. ETHEREAL	2009, Royal Huisman, Vollenhove, NL	Ron Holland/Pieter Beeldsnijder	**58,03 M**
21. TWIZZLE	2010, Royal Huisman, Vollenhove, NL	E. Dubois/Redman Whiteley Dixon	**57,49 M**
22. MONTIGNE	2009, Aegean Yacht, Bodrum, TR	Yavuz Mete	**57,00 M**
23. FLEURTJE	1960, De Vries Lentsch, Amsterdam, NL	Robert Clark	**57,00 M**
24. REGINA	2011, Pruva Yachting/Med Yachts, Bodrum, TR	Med Yachts/Aylin Örs	**56,00 M**
25. FIDELIS	2011, Perini Navi, Viareggio, I	Ron Holland/Perini Navi	**56,00 M**
26. MELEK	2010, Perini Navi, Viareggio, I	Ron Holland/Perini Navi	**56,00 M**
27. PANTHALASSA	2010, Perini Navi, Viareggio, I	Ron Holland/Foster + Partners	**56,00 M**
28. ASAHI	2009, Perini Navi, Viareggio, I	Ron Holland/Remi Tessier	**56,00 M**
29. SILVANA	2008, Perini Navi, Viareggio, I	Ron Holland/Perini Navi	**56,00 M**
30. SALUTE	2008, Perini Navi, Viareggio, I	Ron Holland/Remi Tessier	**56,00 M**
31. SELENE	2007, Perini Navi, Viareggio, I	Ron Holland/Perini Navi	**56,00 M**
32. ROSEHEARTY	2006, Perini Navi, Viareggio, I	Ron Holland/Perini Navi	**56,00 M**
33. ZENJI	2004, Perini Navi, Viareggio, I	Ron Holland/Perini Navi	**56,00 M**
34. BURRASCA	2003, Perini Navi, Viareggio, I	Ron Holland/Perini Navi	**56,00 M**
35. ADELA	1995, Pendennis, Falmouth, GB	Gerard Dykstra	**55,50 M**
36. SHENANDOAH	1902, Townsend & Downey, Shooters Island, USA	Theodore E. Ferris	**55,08 M**
37. KAMAXITHA	2011, Royal Huisman, Vollenhove, NL	Dykstra & P./Rhoades Young	**55,00 M**
38. ELENA	2009, Factoria Naval Marin, Marin, E	N. Herreshoff (1911)/S. McLaren	**55,00 M**
39. ADÉLE	2005, Vitters, Zwartsluis, NL	Hoek Design	**55,00 M**
40. MARIE	2010, Vitters, Zwartsluis, NL	Hoek Design	**55,00 M**
41. LADY ELLEN	1982, Kockums, Malmø, S	Lars Johansson	**54,50 M**
42. TIARA	2004, Alloy Yachts, Henderson, NZ	Ed Dubois/John Munford	**54,27 M**
43. PARSIFAL III	2004, Perini Navi, Viareggio, I	Ron Holland/Remi Tessier	**54,00 M**
44. NIRVANA	2008, Vitters, Zwartsluis, NL	Ed Dubois/Josep J. Miret	**53,50 M**
45. EL BOUGHAZ I	1930, Bath Iron Works, Bath ME, USA	Henry J. Gielow/John Munford	**53,30 M**
46. DRUMBEAT	2002, Alloy Yachts, Henderson, NZ	Ed Dubois	**53,00 M**
47. ATMOSPHERE	2000, Perini Navi, Viareggio, I	Perini Navi	**53,00 M**
48. JASALI II	1998, Perini Navi, Viareggio, I	Perini Navi	**53,00 M**
49. ERICA XII	2010, Vitters, Zwartsluis, NL	Hoek Design/Redman Whiteley Dixon	**52,50 M**
50. SQUALL	2002, Perini Navi, Viareggio, I	Ed Dubois/Remi Tessier	**52,33 M**

51. GALAXIA	1997, Perini Navi, Viareggio, I	Perini Navi	**52,27 M**
52. NAZENIN V	2009, RMK Marine, Istanbul/Tuzla, TR	S & S/Redman Whiteley Dixon	**52,00 M**
53. TAMSEN	2007, Perini Navi, Viareggio, I	Ron Holland/Perini Navi	**52,00 M**
54. XASTERIA	1995, Perini Navi, Viareggio, I	Perini Navi	**51,85 M**
55. MONDANGO	2008, Alloy Yachts, Henderson, NZ	Ed Dubois/Reymond Langton	**51,77 M**
56. RED DRAGON	2007, Alloy Yachts, Henderson, NZ	Ed Dubois/Wilmotte & Associates	**51,77 M**
57. KONKORDIA	2006, Alloy Yachts, Henderson, NZ	Ed Dubois	**51,70 M**
58. METEOR	2007, Royal Huisman, Vollenhove, NL	G. Dykstra, J. G. Alden/J. Munford	**51,60 M**
59. SEDNA IV	1957, Abeking & Rasmussen, Lemwerder, D	A & R/W. Johnk	**51,33 M**
60. BORKUMRIFF IV	2002, Royal Huisman, Vollenhove, NL	Gerard Dykstra/John Munford	**50,58 M**
61. BARACUDA	2009, Perini Navi, Viareggio, I	Ron Holland/John Pawson	**50,00 M**
62. IS A ROSE	2003, Perini Navi, Viareggio, I	Perini Navi	**50,00 M**
63. PHRYNE	1999, Perini Navi, Viareggio, I	Perini Navi	**50,00 M**
64. PRINCESS ZEYNEP	1994, Karadeniz Yatcilik, Istanbul/Tuzla, TR	Ercüment Kafali/Hasan Ulutas	**50,00 M**
65. BLUE GOLD	1982, Benetti, Viareggio, I	Laurent Giles/Paolo Scanu	**50,00 M**
66. WALLY 50M	2012, Wally, Fano, I	Bill Tripp/Wetzels Brown Partners	**49,90 M**
67. FRANCESCO PETRARCA	1941, Benetti, Viareggio, I	Franco Anselmi Boretti	**49,90 M**
68. PERSEUS	2001, Perini Navi, Viareggio, I	Perini Navi	**49,80 M**
69. AURORE	2001, Perini Navi, Viareggio, I	Perini Navi	**49,80 M**
70. ZEFIRA	2010, Fitzroy Yachts, New Plymouth, NZ	Ed Dubois/Remi Tessier	**49,70 M**
71. ELEONORA E	2002, Van der Graaf, Hardinxveld, NL	N.G. Herreshoff/Gaastmeer Design	**49,50 M**
72. INVADER	1905, Lawley & Sons, South Boston, USA	A.S. Chesebrough/F. Giorgetti	**49,30 M**
73. THALIA	1994, Vitters, Zwartsluis, NL	Ron Holland/Elmar Meurer	**48,50 M**
74. GEORGIA	1999, Alloy Yachts, Henderson, NZ	B. Dalrymple-Smith/P. Scanu, G. Johnson	**48,46 M**
75. LEGACY	1995, Perini Navi, Viareggio, I	Perini Navi	**48,16 M**
76. CORELIA	1993, Perini Navi, Viareggio, I	Perini Navi	**48,16 M**
77. MORNING GLORY	1993, Perini Navi, Viareggio, I	Perini Navi	**48,16 M**
78. MIT SEA AH	2004, Pendennis, Falmouth, GB	D. Pedrick/Liebowitz & Pritchard	**47,50 M**
79. DEVA	1930, Germaniawerft Fr. Krupp, Kiel, D	Cox & Stephens/Giorgetti & Magrini	**47,50 M**
80. HYPERION	1998, Royal Huisman, Vollenhove, NL	Germán Frers/Pieter Beeldsnijder	**47,42 M**
81. XARIFA	1927, J. Samuel White & Sons, Cowes, GB	J. M. Soper	**47,24 M**
82. SCHEHERAZADE	2003, Hodgdon Yachts, East Boothbay, USA	Bruce King/Andrew Winch	**47,15 M**
83. ANDROMEDA LA DEA	1990, Perini Navi, Viareggio, I	Perini Navi	**47,00 M**
84. KLOSTERS	1990, Perini Navi, Viareggio, I	Perini Navi	**47,00 M**
85. MIKADO	1986, Hitachi Zosen, Kanagawa, J	W.Garden, M. Francis/Parish-Hadley	**46,94 M**
86. HIGHLANDER SEA	1924, John F. James, Essex, USA	W. Starling Burgess	**46,94 M**
87. ROXANE	2010, Su Marine, Istanbul/Tuzla, TR	Taka Yachts/Remi Tessier	**46,80 M**
88. PIROPO IV	1991, Perini Navi, Viareggio, I	Perini Navi	**46,50 M**
89. WINDROSE OF AMSTERDAM	2002, Holland Jachtbouw, Zaandam, NL	Gerard Dykstra	**46,32 M**
90. LULWORTH	1920, W. White & Sons, Southampton, GB	H. W. White/C. E. Nicholson	**46,30 M**
91. PINK GIN	2006, Baltic Yachts, Pietarsaari, FIN	Judel-Vrolijk/R & J Design	**46,22 M**
92. WELLENREITER	2003, Jongert, Medemblik, NL	Jongert/Hoek Design	**46,10 M**
93. CHRISTOPHER	2010, Pendennis, Falmouth, GB	Ron Holland/Pendennis	**46,00 M**
94. ANTARA	1991, Perini Navi, Viareggio, I	Perini Navi	**46,00 M**
95. SIR WINSTON CHURCHILL	1966, Richard Dunston, Hessle, GB	Camper & Nicholsons	**45,80 M**
96. ZEUS	1994, Zeus Projects, Dania, USA	David Pedrick/Angus Robertson	**45,72 M**
97. HERITAGE	2006, Perini Navi, Viareggio, I	Ron Holland/Perini Navi	**45,30 M**
98. SAUDADE	2008, Wally, Fano, I	Bill Tripp/Eidsgaard Design	**45,19 M**
99. FIVEA	2010, Perini Navi, Viareggio, I	Ron Holland/Perini Navi	**45,00 M**
100. SALPERTON IV	2009, Fitzroy Yachts, New Plymouth, NZ	Ed Dubois/Adam Lay	**45,00 M**

DIE TOP 200 SEGELYACHTEN

101. HELENA C	1968, John Lewis & Sons, Aberdeen, GB	Camper & Nicholsons	**45,00 M**
102. HELIOS	2007, Perini Navi, Viareggio, I	Perini Navi/Ron Holland	**45,00 M**
103. AIGLON	1970, Abeking & Rasmussen, Lemwerder, D	André Mauric	**45,00 M**
104. ORION	1910, Camper & Nicholsons, Gosport, GB	Charles E. Nicholson	**45,00 M**
105. VISIONE	2002, Baltic Yachts, Pietarsaari, FIN	Reichel Pugh/R & J-Design	**44,84 M**
106. TIMONEER II	2001, Vitters, Zwartsluis, NL	Ed Dubois/John Munford	**44,80 M**
107. LADY B	2009, Vitters, Zwartsluis, NL	Ed Dubois/ Rhoades Young Design	**44,70 M**
108. MARI-CHA III	1997, Sensation Yachts, Auckland, NZ	Philippe Briand/John Munford	**44,70 M**
109. ARTEMIS	2007, Fitzroy Yachts, New Plymouth, NZ	Ed Dubois/Adam Lay	**44,50 M**
110. ZAMOURA	1927, Wiener Werft, Wien, A	Germaniawerft Fr. Krupp	**44,20 M**
111. IMAGINE II	2010, Alloy Yachts, Henderson, NZ	Ed Dubois/Alloy Yachts	**44,18 M**
112. MARI-CHA IV	2003, CMN, Cherbourg, F	Philippe Briand/Clay Oliver/Greg Elliott	**44,00 M**
113. LETHANTIA	1994, Royal Huisman, Vollenhove, NL	Henk Lunstroo/John Munford	**44,00 M**
114. BLUE CLIPPER	1991, FEAB Marstrandsverken, Uddevalla, S	Per Fagerlund	**44,00 M**
115. ZACA A TE MOANA	1992, Scheepswerf »de Amstel«, NL	Olivier F. Van Meer/Ed Kastelein	**43,80 M**
116. ESENSE	2006, Wally, Fano, I	Wally/Bill Tripp/Odile Desq	**43,70 M**
117. SYL	2003, Barcos Deportivos, Barcelona, E	Germán Frers/Victor Tebar	**43,66 M**
118. SYLVIA	1925, Camper & Nicholsons, Gosport, GB	Charles E. Nicholson	**43,60 M**
119. JULIET B	1993, Royal Huisman, Vollenhove, NL	Ron Holland/Pieter Beeldsnijder	**43,53 M**
120. MEPHISTO	2002, Vace Yacht Builders, Danzig, PL	Vace Yacht Builders	**43,50 M**
121. OHANA	2004, Perini Navi, Viareggio, I	Perini Navi/Ron Holland	**43,45 M**
122. LIONHEART	2010, Claasen Jachtbouw, Zaandam, NL	Andre Hoek/ Burgess/Stephens	**43,40 M**
123. ENTERPRISE	1989, Perini Navi, Viareggio, I	Perini Navi	**43,37 M**
124. PAZ	1987, Perini Navi, Viareggio, I	Perini Navi	**43,37 M**
125. MYSTERE	2006, Vitters, Zwartsluis, NL	Bill Tripp/Dick Young	**43,20 M**
126. CLEAR EYES	2010, Pax Navi Yachts, Bodrum, TR	Erkin Yagci/Erkan Özhan/Pax Navi	**43,10 M**
127. SKYLGE	2005, Holland Jachtbuw, Zaandam, NL	André Hoek	**43,00 M**
128. PASSE-PARTOUT	2001, Jongert Jachtwerf, Medemblik, NL	Jongert/Tony Castro	**43,00 M**
129. ZACA	1930, Nunes Bros., Sausalito/CA, USA	Garland Rotch	**43,00 M**
130. CANICA	2003, Baltic Yachts, Pietarsaari, FIN	Judel & Vrolijk/John Munford	**42,93 M**
131. NELSON	2004, Vitters, Zwartsluis, NL	Ed Dubois/Dick Young	**42,92 M**
132. ESPIRITU DEL XAREZ	2002, Vitters, Zwartsluis, NL	Ed Dubois/Redman Whiteley Dixon	**42,92 M**
133. VENT D'EST	2002, Vitters, Zwartsluis, NL	Ed Dubois/Redman Whiteley Dixon	**42,92 M**
134. HETAIROS	1993, Abeking & Rasmussen, Lemwerder, D	Bruce King/Andrew Winch	**42,82 M**
135. AETOS	1972, Psaros Shipyard, Perama, GR	A. Antoniou	**42,80 M**
136. APHRODITE A	1999, Vitters, Zwartsluis, NL	André Hoek	**42,67 M**
137. REBECCA	1999, Pendennis Shipyard, Falmouth, GB	Germán Frers	**42,43 M**
138. AMERICA	1995, Scarano Boat Building, Port Albany/NY, USA	John Scarano/George Steers	**42,40 M**
139. FRIDAY STAR	1994, CMN, Cherbourg, F	Marc Lombard/Jacques Pierrejean	**42,37 M**
140. CYCLOS III	1990, Royal Huisman, Vollenhove, NL	Ron Holland/Andrew Winch	**42,37 M**
141. DOUCE FRANCE I	1998, Chantier Naval Alumarine, Coueron, F	Marc van Peteghem/V. Lauriot Prevost	**42,22 M**
142. HANUMAN	2009, Royal Huisman, Vollenhove, NL	Dykstra & Partners/Pieter Beeldsnijder	**42,10 M**
143. MARIETTE	1915, Herreshoff Manufacturing, Bristol RI, USA	Nathaniel G. Herreshoff	**42,06 M**
144. SARISSA	2011, Vitters, Zwartsluis, NL	Bill Tripp/Rhoades Young	**42,00 M**
145. CHRISTIANNE B	1986, Perini Navi, Viareggio, I	Perini Navi	**42,00 M**
146. CROCE DEL SUD	1931, N. Martinolich, Lussinpiccolo, I	N. Martinolich	**42,00 M**
147. RANGER	1937/2004, Bath Iron Works/Danish Yachts	Starling Burgess, 1937/S & S/G. Johnson	**41,65 M**
148. INFATUATION	2004, Jongert Jachtwerf, Medemblik, NL	Jongert/Tony Castro	**41,60 M**
149. ISLANDIA	2002, Jongert Jachtwerf, Medemblik, NL	Jongert/Tony Castro	**41,60 M**
150. ANNA CHRISTINA	2000, Jongert Jachtwerf, Medemblik, NL	Jongert/Tony Castro	**41,60 M**

151. ST. JEAN	1999, Jongert Jachtwerf, Medemblik, NL	Jongert/Tony Castro	**41,60 M**
152. QUEEN NEFERTITI	1986, Astilleros y Talleres Celaya, Bilbao, E	Sparkman & Stephens/Pierre Tanter	**41,58 M**
153. ALEJANDRA	1993, Astilleros Mefasa, San Juan de Nieva, E	Bruce King	**41,33 M**
154. CAMBRIA	1928, William Fife & Sons, Fairlie, GB	W. & R. B. Fife	**41,15 M**
155. INMOCEAN	2008, Fitzroy Yachts, New Plymouth, NZ	Ed Dubois/Adam Lay	**41,00 M**
156. DESTINATION FOX HARB'R	2002, Alloy, Auckland, NZ	Ed Dubois/Redman Whiteley Dixon	**41,00 M**
157. MIRABELLA III	1994, Concorde Yachts, Najomtien, TH	Bruce Farr	**41,00 M**
158. VALQUEST	2009, Bloemsma van Breemen, Makkum, NL	Ed Dubois	**40,75 M**
159. SURAMA C	1997, Royal Huisman, Vollenhove, NL	Ted Hood/Andrew Winch	**40,68 M**
160. CORSTA V	1994, Sterling Yachts, Kapstadt, SA	Angelo Lavranos/Susan Puleo	**40,50 M**
161. BLACK SWAN	1899, Camper & Nicholsons, Gosport, GB	Charles E. Nicholson	**40,50 M**
162. TWIRLYBIRD V	1993, Lürssen, Bremen, D	Ron Holland/Tony Castro	**40,45 M**
163. LADY LAUREN	2001, Perini Navi, Viareggio, I	Perini Navi	**40,42 M**
164. KOKOMO OF LONDON	2000, Alloy Yachts, Auckland, NZ	Ed Dubois/Redman Whiteley Dixon	**40,42 M**
165. PRINCIPESSA VAIVIA	1991, Perini Navi, Viareggio, I	Perini Navi	**40,42 M**
166. ZELDA	2010, Su Marine, Tuzla/Istabul, TR	Taka Yat/Tanju Kalaycolu/N. Kibarolu	**40,40 M**
167. ANAKENA	1996, Royal Huisman, Vollenhove, NL	Ted Hood/John Munford	**40,30 M**
168. XAMURA	2007, Bod-Yat, Bodrum, TR	Paolo Scanu	**40,00 M**
169. ARISTARCHOS	2006, Nautor Swan, Pietarsaari, FIN	Germán Frers/Dick Young	**40,00 M**
170. ULTIMA NOVIA	1994, Sensation Yachts, Auckland, NZ	Sparkman & Stephens/John Munford	**40,00 M**
171. MIRABELLA	1992, Concorde Yachts, Najomtien, TH	Bruce Farr	**40,00 M**
172. PHILANDERER	1992, Concorde Yachts, Najomtien, TH	Bruce Farr	**40,00 M**
173. SUHELYA SULTAN	1990, Karadeniz Yatcilik, Tuzla/Istanbul, TR	Ercument Kafali/Hasan Ulutas	**40,00 M**
174. ANTARES OF GRAND CAYMAN	2005, Royal Huisman, Vollenhove, NL	Bill Dixon/Dick Young	**39,98 M**
175. ANGEL'S SHARE	2009, Wally, Fano, I	Javier Soto Acebal/Wally	**39,95 M**
176. MARIA CATTIVA	2003, Royal Huisman, Vollenhove, NL	Bruce King/Dick Young	**39,93 M**
177. ALITHIA	2002, Abeking & Rasmussen, Lemwerder, D	Bill Tripp/Andrew Winch	**39,78 M**
178. VICTORIA OF STRATHEARN	2001, Alloy Yachts, Auckland, NZ	Bill Langan/Andrew Winch	**39,75 M**
179. SOUTHERN CLOUD	1990, Fænø Yachtwærft, Skærbæk, DK	Herward A. H. Oehlmann	**39,72 M**
180. JANICE OF WYOMING	2005, Alloy Yachts, Auckland, NZ	Ed Dubois/Eigner	**39,70 M**
181. CANDIDA	1929, Camper & Nicholsons, Gosport, GB	Charles E. Nicholson	**39,65 M**
182. AMERICA	1967, Goudy & Stevens, East Boothbay ME, USA	Olin Stephens/George Steers	**39,62 M**
183. ENDEAVOUR	1934, Camper & Nicholsons, Gosport, GB	Ch. E. Nicholson/G. Dijkstra/J. Munford	**39,56 M**
184. ALTAIR	1931, William Fife & Sons, Fairlie, GB	W. & R. B. Fife	**39,50 M**
185. VELSHEDA	1933, Camper & Nicholsons, Gosport, GB	Ch. E. Nicholson/G. Dijkstra/J. Munford	**39,40 M**
186. VAIMITI	2003, Chantier Trehard, Antibes, F	Jacques & Nicolas Fauroux	**39,20 M**
187. CINDERELLA IV	2009, Vitters, Zwartsluis, NL	Bill Tripp/Donald Starkey	**39,00 M**
188. DON CHRIS	2009, Barka Shipyard, Bodrum, TR	Barka Shipyard	**39,00 M**
189. CYRANO DE BERGERAC	1993, Camper & Nicholsons, Gosport, GB	Rob Humphreys/John Munford	**39,00 M**
190. DORIANA	1930, Frederikssund Skibsvaerft, DK	A. von Lindholm/E. Wedell-Wedellsborg	**39,00 M**
191. DESIRADE 4	1997, Pendennis, Falmouth, GB	Ed Dubois/Redman Whiteley Dixon	**38,98 M**
192. LA NUMERO UNO	1983, Perini Navi, Viareggio, I	Perini Navi/Dick Carter	**38,95 M**
193. ZULU	2006, Fitzroy Yachts, New Plymouth, NZ	Ed Dubois/Redman Whiteley Dixon	**38,90 M**
194. MUMU	2004, RB Dereli Yachts, Tuzla/Istanbul, TR	Philippe Briand/AC. T Studio	**38,74 M**
195. PENELOPE	1968, Chantiers de la Perriere, Lorient, F	Eugéne Cornu	**38,70 M**
196. DIONE STAR	1991, Scheepswerf Friesland, Lemmer, NL	Diana Yacht Design	**38,50 M**
197. MATA MUA	1991, Scheepswerf Friesland, Lemmer, NL	Diana Yacht Design	**38,50 M**
198. PARLAY	1991, Ortona Navi, Ortona, I	John G. Alden	**38,40 M**
199. GLORIA	1985, Jongert/Lowland, Medemblik, NL	Pieter Beeldsnijder	**38,40 M**
200. ELECTA	1990, CCYD, Venedig, I	Ron Holland/Paolo Scanu/T. Spadolini	**38,25 M**

Alloy Yachts
P.O.Box 21480, Henderson,
Waitakere 0650, NZ-Auckland,
Tel. (0064) 9-838 73 50, Fax -838 73 93,
www.alloyyachts.co.nz

Baltic Yachts Finnland
Balticvägen 1, FIN-68555 Bosund,
Tel. (00358) 6-781 9200, Fax -9222,
www.balticyachts.fi

BOOTE EXCLUSIV
ABC-Straße 21, D-20354 Hamburg,
Tel. 040-33 96 68 50, Fax -33 96 68 88,
www.boote-exclusiv.com

Bureau Veritas
Veritaskai 1, D-21079 Hamburg,
Tel. 040-23 625 0, Fax -23 625 422,
www.bureauveritas.de

Caterpillar Motoren
Zeppelin Power Systems,
Ruhrstraße 158, D-22761 Hamburg,
Tel. 040-853 15 10, Fax -853 15 139,
www.zeppelin-powersystems.com

Christian Liaigre
61, rue de Varenne, F-75007 Paris,
Tel. (0033) 01-47 53 78 76,
www.christian-liaigre.fr

CNB
Construction Navale Bordeaux,
162 quai de Brazza, F-33100 Bordeaux,
Tel. (0033) (0)557-80 85 50, Fax -80 85 51,
www.cnb.fr

Cummins Deutschland
Peter-Traiser-Str. 1, D-64521 Groß-Gerau,
Tel. 06152-1740, Fax -174 141,
www.cummins.de

Deutz Power Systems/MWM
Carl-Benz-Str. 1, D-68167 Mannheim,
Tel. 0621-384 0, Fax -384 8386,
www.deutzpowersystems.com

Doyle Superyacht
96 Swampscott Road, Salem,
MA 01970, USA,
Tel. (001) 978 740 59 50, Fax -978 740 59 59,
www.doylesuperyacht.com

Dubois Naval Architects
Ed Dubois, Beck Farm, Sowley,
GB-Lymington, Hampshire, SO41 5SR,
Tel. (0044) (0)1590-62 66 66, Fax -62 66 96,
www.duboisyachts.com

Dykstra & Partners
Kruithuisstraat 21, NL-1018 WJ Amsterdam,
Tel. (0031) (0)20-670 95 33, Fax -675 31 18,
www.gdnp.nl

Eidsgaard Design
8-Coda Centre, 189 Munster Road,
GB-London, SW6 6AW,
Tel. (0044) 207-381 3171, Fax -381 3327,
www.eidsgaard.com

Future Fibres
P. I. Torrubero, Av. Constitución 3,
Museros, E-46136 Valencia,
Tel. (0034) 961-452 135, Fax -452 136,
www.futurefibres.com

Germán Frers
Jose C. Paz 234, 1640 Acassuso,
Buenos Aires, Argentinien,
Tel. (0054) 11-4732 3300, Fax -4732 4343,
www.germanfrers.net

Germanischer Lloyd
Brooktorkai 18, D-20457 Hamburg,
Tel. 040-36149 0, Fax -36149 200,
www.gl-group.com

Hall Spars & Rigging
Deltahoek 42, NL-4511 PA Breskens,
Tel. (0031) (0)117-38 13 97, Fax -38 25 94,
www.hallspars.com

Harken/Peter Frisch
Isar-Ring 11, D-80805 München,
Tel. 089-36 50 75, Fax -36 50 78,
www.frisch.de, www.harken.com

Hoek Design
Grote Kerkstraat 23, NL-1135 BC Edam,
Tel. (0031) (0)299-372 853, Fax -371 519,
www.hoekdesign.com

Jens Cornelsen
Am Hafen 51c, D-25348 Glückstadt,
Tel. 04124-24 95, Fax -59 78,
www.jenscornelsen.de

Ken Freivokh Design
Universal Marina, Crableck Lane,
GB-Sarisbury Green, Hampshire, SO31 7ZN,
Tel. (0044) (0)1489-580 740, Fax -881 634,
www.freivokh.com

Klinzing & Partner
Haydnstr. 54, D-40592 Düsseldorf,
Tel. 0211-2807 1693, Fax -2807 1695,
info@klingzingpartner.de

Lazzarini Pickering Architetti
Via Cola di Rienzo 28, I-00192 Rom,
Tel. (0039) 06-321 03 05, Fax -321 67 55,
www.lazzarinipickering.com

Luca Brenta Yacht Design
Via Salaino 7, I-20144 Mailand,
Tel. (0039) 02-43 99 50 71, Fax -43 99 51 35,
www.lucabrenta.com

MCA
Spring Place,105 Commercial Road,
GB-Southampton, Hampshire, SO15 1EG,
Tel. (0044) 23-8032 9401, Fax -8032 9404,
www.mcga.gov.uk

MCM Newport
P.O. Box 1289, 555 Thames Street,
Newport, Rhode Island, RI 02840 0998, USA,
Tel. (001) 401-849 33 87, Fax -849 77 28,
www.mcmnewport.com

MTU
Maybachstr. 1, D-88045 Friedrichshafen,
Tel. 07541-90 0, Fax -90 5000,
www.mtu-online.com

Nauta Yachts
Corso Sempione, 4, I-20145 Milano,
Tel. (0039) 02-481 43 17, Fax -498 67 92,
www.nautayachts.com

Nautor's Swan
P.O.Box 10, FIN-68601 Pietarsaari,
Tel. (00358) 6-760 1111, Fax -760 1777,
www.nautorswan.com

North Sails Superyacht
Brooktorkai 5, D-20457 Hamburg,
Tel. 040-745 77 78, Fax -303 82 396,
www.de.northsails.com

Ocean Yacht Systems
Ocean House, Aviation Business Park,
Bournemouth International Airport,
GB-Christchurch, Dorset, BH23 6NW,
Tel. (0044) (0)1202-59 66 00, Fax -59 66 70,
www.oceanyachtsystems.co.uk

Oldenburger Möbelwerkstätten
Goethestr. 4, D-49413 Dinklage,
Tel. 04443-972 0, Fax -972 275,
www.oldenburger.com

Perini Navi
Via Coppino 114, I-55049 Viareggio,
Tel. (0039) 0584-4241, Fax -424 210,
www.perininavi.it

Philippe Briand Yacht Design
60 Sydney Street, GB-London, SW3 6PS,
Tel. (0044) (0)20-7351 27 00, Fax -7349 85 00,
www.briand-yacht-design.com

Pieter Beeldsnijder
Voorhaven 20–22, NL-1135 BR Edam,
Tel. (0031) 299-372 739, Fax -371 591,
www.pieterbeeldsnijder.nl

Reckmann Yacht Equipment
Siemensstr. 37–39, D-25462 Rellingen,
Tel. 04101-38 49 0, Fax -38 49 50,
www.reckmann.com

Redman Whiteley Dixon
Old Electric Station, Beaulieu,
GB-Brockenhurst, Hampshire,SO 42 7YF,
Tel. (0044) (0)1590-611300, Fax -611301,
www.rwd.co.uk

Reichel Pugh Yacht Design
2924 Emerson Street, Suite 311,
San Diego, CA 92106, USA,
Tel. (001) 619-223 2299, Fax -224 1698,
www.reichel-pugh.com

Remi Tessier
19, rue des Saints-Pères, F-75006 Paris,
Tel. (0033) 1-5504 8910, Fax -5504 8919,
www.remi-tessier.com

Rhoades Young Designs
134 High Street, GB-Lymington, SO 41 9AQ,
Tel. (0044) (0)1590-688912, Fax -677134,
www.rhoadesyoung.com

RINA
Via Corsica 12, I-16128 Genova,
Tel. (0039) 010 53851, Fax -535 1000,
www.rina.org

Rondal
Flevoweg 1d, NL-8325 PA Vollenhove,
Tel. (0031) (0)527-243 500, Fax -243 900,
www.rondal.com

Ron Holland Design
28 Lower O'Connell Street, Kinsale,
County Cork, Irland,
Tel. (00353) 214-774866, Fax -774808,
www.ronhollanddesign.com

Royal Huisman
Flevoweg 1, NL-8325 PA Vollenhove,
Tel. (0031) 527-24 31 31, Fax -24 38 00,
www.royalhuisman.com

Southern Spars Europe
Bergensvej 6, DK-6230 Rødekro,
Tel. (0045) 7 462 0060,
www.southernspars.com

Southern Wind Shipyard
Reen Avenue, Athlone Industria 1,
7780 Kapstadt, Südafrika,
Sales office: Pegaso Yacht Division,
Piazza della Vittoria 15/22, I-16121 Genua,
Tel. (0039) 010-570 4035, Fax -570 40 65,
www.southernwindshipyard.com

Tilse
Sottorfallee 12, D-22529 Hamburg,
Tel. 040-4320 8080, Fax -4320 80 888,
www.tilse.com

Tripp Design
144 Water Street, South Norwalk,
CT 06854, USA,
Tel. (001) 203 838 2215, Fax -2038382448,
www.trippdesign.net

Vitters
Stouweweg 33, NL-8064 PD Zwartsluis,
Tel. (0031) (0)38-386 71 45, Fax -386 84 33,
www.vitters.com

Wally Yachts
6 avenue Albert II, MC-98000 Monaco,
Tel. (00377)-93 1000 93, Fax -93 1000 94,
www.wally.com

wetzels brown partners
Honthorststraat 32, NL-1071 DG Amsterdam,
Tel. (0031) 20-696 3133, Fax -3308133,
www.wetzelsbrown.com

Yanmar
c/o Friedrich Marx GmbH,
Wendenstr. 8–12, D-20097 Hamburg,
Tel. 040-2377 9159, Fax -2377 9150,
www.yanmarmarine.com

Bibliografische Information der Deutschen Nationalbibliothek
Die Deutsche Nationalbibliothek verzeichnet diese Publikation in der Deutschen Nationalbibliografie; detaillierte bibliografische Daten sind im Internet über http://dnb.d-nb.de abrufbar.

1. Auflage
ISBN 978-3-7688-3552-7

Lektorat: Birgit Radebold
Titelfoto: Guido Cantini/Baltic Yachts
Schutzumschlaggestaltung: scanlitho.teams, Bielefeld
Layout: Weusthoff Noël, Hamburg
Lithografie: Repromayer, Reutlingen
Druck und Bucheinband: Firmengruppe Appl, aprinta Druck, Wemding
Printed in Germany 2012

Delius Klasing Verlag, Siekerwall 21, D - 33602 Bielefeld
Tel.: 0521/559-0, Fax: 0521/559-115
E-Mail: info@delius-klasing.de
www.delius-klasing.de